数据湖架构
DATA LAKE ARCHITECTURE

[美] Bill Inmon 著 吴文磊 译

NO DATA
DUMPING

VIOLATORS MUST
READ THIS BOOK!

BILL INMON

人民邮电出版社
北京

图书在版编目（CIP）数据

数据湖架构 /（美）恩门（Bill Inmon）著；吴文
磊译. -- 北京 ：人民邮电出版社，2017.5（2024.4重印）
ISBN 978-7-115-45173-6

Ⅰ. ①数… Ⅱ. ①恩… ②吴… Ⅲ. ①数据处理
Ⅳ. ①TP274

中国版本图书馆CIP数据核字(2017)第067778号

版 权 声 明

◆ 著　　　　[美] Bill Inmon
　　译　　　　吴文磊
　　责任编辑　陈冀康
　　责任印制　焦志炜

◆ 人民邮电出版社出版发行　　北京市丰台区成寿寺路 11 号
　　邮编　100164　电子邮件　315@ptpress.com.cn
　　网址　http://www.ptpress.com.cn
　　北京天宇星印刷厂印刷

◆ 开本：720×960　1/16
　　印张：10　　　　　　　　　　2017 年 5 月第 1 版
　　字数：123 千字　　　　　　2024 年 4 月北京第 17 次印刷
　　　　著作权合同登记号　图字：01-2016-3963 号

定价：49.00 元

读者服务热线：(010)81055410　印装质量热线：(010)81055316
反盗版热线：(010)81055315
广告经营许可证：京东市监广登字 20170147 号

内容提要

随着大数据的蓬勃发展，不少机构开始将源源不断的数据流导入到一个叫"数据湖"的设备中去。

本书是"数据仓库"之父撰写的最新著作，是帮助读者认识数据湖架构，并把数据湖打造成公司资产的指导手册。全书共 15章，分别涉及数据湖简介、数据池据湖内部结构、数据池及其结构、各种类型的数据池等技术话题，目的在于讲解如何构建有用的数据湖，以便数据科学家和数据分析师能够解决商业挑战并找出新的商业机会。

本书适合数据管理者、学生、系统开发人员、架构师、程序员以及最终用户阅读。

前言

在错误的方向上，我们耗费了数年时间，花费了上百万美元，但是，我们是不是可以省出一点儿时间和金钱用到正确的方向上来呢？

如今，众多公司正在疯狂地建设数据湖泊——一种大数据狂热的副产品。有朝一日，这些公司幡然醒悟，发现他们根本不能从数据湖中攫取出任何有用的东西。即便真的从数据湖中找到了一丁点儿有用的信息，起码也要经历呕心沥血的努力。

他们花费了巨额的资金和大量人年（man years）的努力，却只换回了昂贵的累赘。

终有一天，这些企业会惊觉于他们所建造的不过是一个"单向"的数据湖。数据被引入数据湖，却产生不了任何东西。在这种情况下，数据湖不会比垃圾场好到哪儿去。

这本书就是写给那些想要建造数据湖，并期望能够从中获得价值的机构。数据湖中当然有业务价值，但前提是建造得法。如果你正打算建造一个数据湖，那么你最好把它建造成公司的一项重要资产，而不是累赘。

本书探究了为什么众多公司在从他们的数据湖中获取数据时会面临如此艰难的困境。关于这个重要问题有数种答案。其中一个原因是，数据被不加区别地一股脑地打包丢入数据湖中。第二个原因是数据没有被整合起来。第三个原因是数据是以文本化的形式保存的，而你没办法轻易地分析文本数据。

本书建议要以高层（high level）的视角来组织数据，整合数据，"调校"数据，其目的就是使调整后的数据能够成为用于分析和处理的基石。数据湖当然可以成为公司的良性资产，但前提是在构建数据湖时要足够谨慎，并深谋远虑。

数据湖需要被划分成几个被称为数据池（data pond）部分，它们是：

- 初始数据池（Raw data pond）；
- 模拟信号数据池（Analog data pond）；
- 应用程序数据池（Application data pond）；
- 文本数据池（Textual data pond）；
- 归档数据池（Archival data pond）。

在创建之后，数据池需要经历调整过程，使数据容易访问，以便进一步加以利用。举例来说，模拟信号数据池需要对数据进行缩减（reduction）和压缩。应用程序数据池需要让数据经历经典的 ETL 整合。文本数据池则需要对文本进行消歧，以便使文本可以规整成一致的数据库结构，这样，文本所在的语境就可以被识别出来。

一旦数据池中的数据经历过算法的调整，那么该数据池就可以作为基础，为分析和处理流程提供服务。一旦数据湖中的数据被区划成不同的数据池，并且数据在池中经历了调整，那么这些数据池就会成为公司的资产，而不是负累。此外，当数据走完了它在数据池中的生命周期，它就会被移入归档数据池。

这本书是写给管理者、学生、系统开发人员、架构师、程序员以及最终用户的，并希望能成为那些想把数据湖打造成公司资产而非负担的机构的指导手册。

目录

第 1 章

数据的湖泊

打孔卡（punch card）被发明出来之后，磁带（tape）被发明出来，然后是磁盘存储（disk storage）和数据库管理系统（DBMS），紧跟着的是第 4 代编程语言（4GL）、"元数据"、软盘和移动计算。技术前进得如此之快，以至于我们甚至来不及记清楚它们的名字。很快，个人电脑和电子表单就会像西装和领带一样随处可见。

在这高速发展的几十年里，公司经历了从没有自动化到高度自动化的转变。但在转变过程中，存储却始终是一项制约因素。长久以来，在面对大量数据的时候，存储不是容量不够就是价格太高。这个瓶颈制约了既有系统的性能，并且对系统未来的可选方案产生了深刻的影响。

1.1 大数据来了

随后，大数据技术改变了世界。Hadoop 分布式文件系统（HDFS）是大数据技术最好的代表。这个开源软件框架的设计初衷就是解决在分布计算集群中的存储和处理大量数据集的难题。大数据技术有效地解放了存储包括在价格和技术能力上的限制。更为重要的是，在大数据技术的帮助下，一个全新的世界正向我们敞开大门。

简单来说，大数据刷新了我们对数据的认识。激增的数据可以被大数据系统保存并分析，这不仅是一项工业界的革命，更是一次世界性的革命。MB、GB、TB……旧有的数据量单位在这个存储容量被解放了的新世界中已不再适用。图 1.1 描绘了大数据降临的场景。

图 1.1 利用大数据创造无限机遇

1.2 数据湖来了

随着大数据的蓬勃发展，不少机构开始将源源不断的数据流导入到一个叫做"数据湖"的设备中去。

把数据放进去是小菜一碟儿，然而，想从这浩瀚的知识海洋中揪出点什么有用的东西却极具挑战。一些机构开始向数据科学家们寻求帮助。于是，大量的经费被投入研发，然而，如同这些机构一样，大数据对于数据科学家们而言也是一个全新的领域。尽管投入高昂，但分析上难有突破，而误报和其他错误倒是时有发生。图 1.2 展示的是大数据催生了用广袤的数据湖泊来筛查数据。

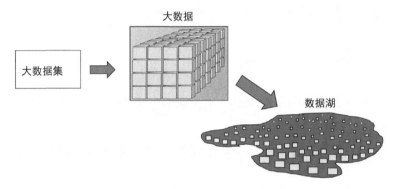

图 1.2　在数据湖中置入大数据

图 1.3 所展现的是在数据湖中，过去商业社会所崇尚的规模产生价值在数据湖中的失效。对于数据湖来说，数据确实在持续增长，却很难用财富堆积出其中的价值。

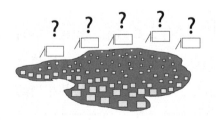

图 1.3　醒来吧，我们没能在数据湖中找到任何东西

1.3　"单向"的数据湖

业务用户会对数据湖中池化（pooling）的信息感到一筹莫展的原因有很多。核心的问题在于，湖中的数据增长得越多，其分析难度也越大。任何规模可观的数据湖都常常会被人戏谑为"单向湖"，因为数据被不断地推进湖里，但分析报告却始终难产，或者数据被推入湖中之后仅被访问一次。图 1.4 描绘了"单向"数据湖。

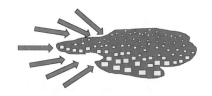

图 1.4　数据被推入"单向"数据湖，但什么也产出不了

这是一项昂贵且令人沮丧的悖论（Catch-22）。数据湖成长得越大，就越具有潜在的洞察能力，但对于机构而言，却越无用（useless）。如果没人去使用数据湖中的数据，那么数据湖对机构就毫无意义。然而，为了从数据湖中榨取出有用的信息，机构却在存储和雇佣专业人员上投入了大量资金。

那么问题来了，为什么数据湖会变成"单向"湖，对此，我们又能做些什么呢？大数据和数据湖中确实蕴含着巨大的潜力，但似乎没有人能从他们的投资中获得与其相当的回报。数据湖变成"单向"数据湖有很多原因。但追根溯源，这些问题都指向同一问题，也就是数据在一开始是如何被导入数据湖的：起初的目标就不是对数据做出什么规划。相反，数据湖仅仅被当作一个倾泻数据的垃圾。绝大部分精力都被投入在如何尽可能地从所有数据源头收集数据，而仅有少数工程师和公司思考了如何将数据湖投入未来的使用。图 1.5 展示的是"单向"数据湖除了当作数据的垃圾场之外，什么也干不了。

图 1.5 把数据湖变成一个垃圾场

难道数据湖的归宿就是变成垃圾场吗？有什么办法能够让数据湖变成具有生产力和价值的地方吗？大数据的允诺难道只是各家厂商在风口上养的猪吗（bunch of hype）？确实，数据湖有潜力成为数据分析和处理的基石。然而，只要人们还是单纯地朝数据湖中倾倒数据，而几乎不为未来使用作出规划，那么数据湖就逃不开成为垃圾场的宿命。

如果数据被单纯地倒进数据湖会发生什么呢？让我们来把核心的问题一个一个整理出来。

第一个问题是，有用的数据对于分析师来说会变得难以发现，因为它们被掩藏在堆积如山的不相关信息后面。本来对企业有用的数据就屈指可数。更鉴于数据湖的储量巨大，在千人一面的数据世界里，这又增加了搜寻的难度。换句话说，有用的数据不会自己长脚从如深山一般的数据湖里走出来。

第二个相关的问题是，用来描述数据湖中的数据个体的元数据并没有被捕捉或存放在一个能被访问到的地方。在数据湖内，只有初始数据（raw data）被保留了下来。这让数据分析变得不可捉摸，因为分析师没法知道这些数据是从哪儿来的，也没法知道数据的具体意义是什么。为了让分析结果产生效果，机构需要能访问到准确的元数据信息，这样就能知道在湖中找到的数据的背景信息。

单向数据湖的第三个缺点是数据关系丢失了（或者从没被识别过）。原有的数据源（pool）非常巨大，以致重要的数据关系并没有被导入数据湖中。因为将数据关系导入数据湖被认为是一项太繁琐而难于处理的工作。

对于"单向"数据湖中的数据，这些麻烦仅仅是个开始。事实上，在有效利用数据湖的历程中，还会面临许多技术难题。图1.6 展示的是数据湖中数据的一些局限性。

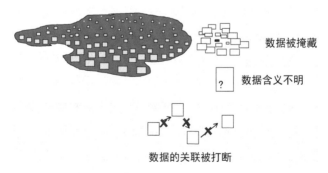

图 1.6　在数据湖中用传统方法分析数据变得不可能

1.4 小结

因为数据湖中的信息在设计时并没有考虑未来的访问和分析，这导致的后果是，机构很快就会发现这样的数据湖并不能支撑他们的业务，无论它多么庞大。

许多机构早就知道为了支持业务，数据必须以合理、易用，并且易于理解的方式组织起来。但是，由于数据被倾倒进数据湖的时候并没有考虑未来的使用，导致数据湖最终无法为业务注入有效的价值。

一旦数据湖变成了"单向"的数据湖，那么对于业务来说，唯一的优点就成了保存无用数据的廉价设备。而当数据湖仅以存放数据的低端形式出现时，就很难对机构当初的高额投入自圆其说了。

那么接下来，让我们来看一看如何解开这个困局。

第 2 章

改造数据湖

数据湖蕴藏着巨大的潜力。从前未尝做过的分析，现在可以用它来进行处理。从政府机构到小企业，数据湖可以识别、分析甚至预测从未被注意到的各种重要的规律（pattern）。

需要做哪些准备工作才能把数据湖变成信息金矿呢？那些建造了各自数据湖的机构还需要思考些什么呢？数据需要经过哪些调整才能为未来所用？

通过谨慎地规划，数据湖确实可以变成信息金矿，那么，是什么让数据湖具备深邃的洞察的能力呢？是 4 个基础组件：元数据（metadata）、整合图谱（integration mapping）、语境（context）以及元过程（metaprocess）。

2.1 元数据

元数据（metadata）是数据湖中用来对数据进行描述的数据[与初始数据（raw data）相对]。它是基础的结构化信息，并且与每个数据集都有关联。例如，如果要记录一个网站的访问数、点击量以及参与度的情况，元数据就可以是包含来访设备的 IP 地址/地理位置信息的数据。典型的元数据的表现形式包括对记录、属性、键值、索引以及不同数据属性间关系的描述。除了以上提到的这些，元数据还有许多其他的表现形式。

元数据被分析师用来解密数据湖中的初始数据。或换言之，元数据是栖居于数据湖中的数据的基本轨迹（basic roadmap）。

若数据湖中只保留了初始数据，那么使用数据的分析师就如同被砍去一条腿。想象一下，要尝试搜索维基百科（Wikipedia），而里面所有的文章却连标题都没有。靠初始数据本身单打独斗，其实并不那么有用。若初始数据都恰当地用元数据打上了标签，并一起保存在数据湖中，那么，你的服务才能称之为有用的服务。

2.2 整合图谱

整合图谱（integration map）所描述的是一个应用程序中的数据是如何与另一个应用程序的数据产生关联，以及数据是以什么样的逻辑被组合到一起。尽管元数据如此重要，但它并不是数据湖中唯一的基础部分。考虑到数据湖中大部分的输入数据都是由应用程序产生的，而产生的形式不尽相同。如果你把许多不同的应用程序产生的数据注入数据湖中会发生什么？答案是，你在数据湖中创建了若干互不关联的"数据仓罐"（silo）。

不同的应用程序，通常由不同的编程语言所编写，在各自的数据仓罐中发送数据，无法与其他的仓罐沟通或"交谈"。即使是信息都被保存在同一个数据湖内，每一个仓罐的数据也都无法与其他仓罐的数据相整合，甚至无法被元数据合适地标记。

为了让数据湖中的数据合理，就需要创建一份"整合图谱"（integration map）。整合图谱是数据湖中的数据如何被整合的详细规范。它是解决数据仓罐之间相互隔绝问题的最佳方案。

图 2.1 表现了由于许多未被整合的应用程序数据被放置在数据湖中，许多数据仓罐就这样被创建出来。这些仓罐使读取数据和解释数据陷入困境。

图 2.1　创建仓罐会导致数据的相互隔绝，并阻碍沟通

2.3 语境

在数据湖中的另一个复杂的情况是脱离上下文语境的文本数据。假设文本"court"[1]出现，那么这个"court"究竟指的是网球场，还是法庭诉讼，还是男青年追求姑娘所做的努力，还是皇室周围的人们呢？当你单纯地看着"court"这个词，它的意思有可能是以上任意一种，甚至还可能有其他的意思。

脱离了上下文语境的文本是意义不明确的数据。事实上，在一些情况下，在语境不明晰的前提下保存文本是很危险的。如果你想把文本放入数据湖，那么你必须把文本所在的语境也放在其中，或者至少要提供找到文本语境的方法。文本语境对数据湖中的数据来说是一项必要的组成部分，缺乏语境的文本数据是不明晰的，如图 2.2 所示。

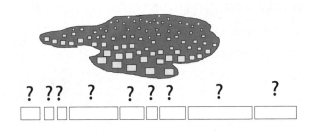

图 2.2　缺乏语境的文本数据

2.4 元过程

元过程（metaprocess）信息是关于数据被如何处理，或者数

---

[1] court 的含义有很多，如法庭、王、献殷勤等。

据湖中的信息将会被如何处理的信息。数据何时产生？数据何处产生？数据产生多少？数据由谁产生？所选数据是如何被置入数据湖的？当进入数据湖后，数据是否被进一步处理过？当数据分析师在数据湖中提取和分析数据时，以上所有这些形式的元过程信息（metaprocessing）都是非常有用的。

最重要的一点是，这些特性需要在刚开始的时候就被抓取。通常，当初始数据被导入数据湖之后再考虑这加入这些基本成分就太迟了。

然而，一旦这些成分被加入了数据湖，那么数据湖就有了成为信息金矿的潜质。图 2.3 描绘了通过这些粗箭头，数据湖变成了公司的强大并且富有成效的资源。

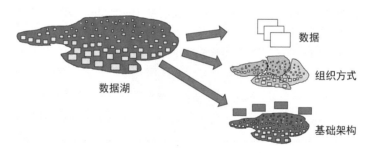

图 2.3　从垃圾场变成信息金矿

把数据湖转化成企业良性资产的另一个重要性在于惠及更多不同的用户群体。

想象一下，数据湖成为公司的一项有用资源所经历的变化。图 2.4 展示的是尚未改造的数据湖与完成改造的数据湖。

数据湖　　　　　　　　　数据湖与数据池

图 2.4　从未经改造的数据湖到改造完成的数据湖

2.5　数据科学家

如果只有一小拨儿专家才能玩转数据湖里面的数据，那这就说明数据湖还处于数据湖初级阶段。而这一小拨儿专家通常被人们称作数据科学家。数据科学家们具备以下特点：

● 少，很难找到；

● 贵，雇佣昂贵；

● 忙，就是请来了，你也约不到时间。

数据科学家圈子小并没有什么问题。但是小到找到他们都很难就有问题了，而且雇佣成本居高，即便是找到了他们，而且雇佣了他们，但想要约他们的时间也是很困难的，这些特点使得他们成为了传奇。无论管理得有多好，只要数据湖只能被一小拨儿时间紧张、成本高昂的人所操作的时候，数据湖的企业价值就会受限。

2.6　通用性

现在来想一下，当数据湖被充分地整合，而且数据已具备通用性之后会发生什么。

图 2.5 表现的是数据湖只能被一小部分数据科学家所使用，与改造后可被大量商业用户所访问之间的差异。

少量数据科学家

整个商业社区

图 2.5　改造数据可以增加用户访问的便捷性

经过改造之后，数据湖能发挥价值的对象就会扩展到会计、经理、系统分析师、终端用户、财务团队、销售员工、市场及其他部门。通过整合与调整数据，数据湖还可以扩大服务的用户群体。同时，经过改造后，数据湖在公司中的价值也被极大地提升了。

2.7　小结

数据湖的潜力巨大。但如果人们仅仅用来倾倒数据而对数据的使用不加考虑，那么这就会产生把数据湖变成垃圾场的危险。通过 4 项基础成分的帮助，数据湖可以转化为信息的金矿。

- 元数据（metadata）。元数据被分析师用来解密在数据湖中发现的初始数据。元数据是栖息在数据湖中的数据的基本轨迹图。

- 整合图谱（integration mapping）。整合图谱是数据湖中的数据如何被整合的详细规范。它阐述了如何解决仓罐数据的隔绝性问题。

- 语境（context）。如果你想把文本放入数据湖，那么你必须把文本语境也放置在其中，或者至少要提供找到文本语境的方法。

- 元过程（metaprocess）。元过程标签是关于数据湖中的数据处理的信息。

第 3 章

数据湖内部

为了更好地理解数据湖如何应对未来的访问和分析，深入数据湖内部看看是有必要的。

尽管在数据湖里能找到各种类型的数据，但这些数据仍然可以被分为 3 类，如图 3.1 所示。

- 模拟信号数据（analog data）。

- 应用程序数据（application data）。

- 文本数据（texture data）。

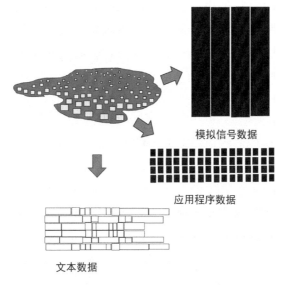

模拟信号数据

应用程序数据

文本数据

图 3.1　数据湖数据的分类

3.1　模拟信号数据

第一类在数据湖中的数据类型是模拟信号数据。模拟信号数据通常由机器或一些其他的自动设备产生，即便并没有接入互联网，也可以产生数据。这些监测工具可以诊断并记录从核反应堆的运行性能到你的移动电话 CPU 的使用情况。

大体上，模拟信号数据是巨量而且反复的。大多数模拟信号数据由一长串生成的数字组成。模拟信号设备所产生的大部分记录则是大同小异的监测数据。而通常，最令人感兴趣的是那些微小的异常值（outliners）。

模拟信号数据通常是对一些物理指标（如热量、重量、化学组成、尺寸等）的简单监测。一旦监测值偏离了正常值，则相当于发出了一个信号，督促人们去寻找导致监测值异常的原因。举例来说，异常的监测值可能是因为机器的校准失效，或者某个零件需要调整，等等。但是对于分析师而言，模拟信号数据只能作为一个检查造成监测值浮动原因的信号。

这就是为什么与模拟信号数据相关联的元过程（metaprocess）信息要比模拟信号数据本身重要许多倍的原因。元过程的细节通常包含了测量的时间、地点、速度等更丰富的信息。

通常，模拟信号信息会关联于一些触发器，或直接由其他事件触发，如生产活动。一个组件被生产出来，一个货物被发出，一个盒子被移动，这些都是常见的会触发创建模拟信号记录的活动。模拟信号监测通常是机械化的，不需要人为输入或是额外处理。图 3.2 展现的是通过一个事件触发了模拟监测数据的创建。

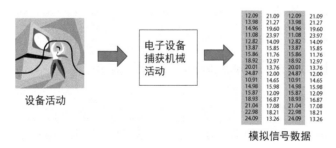

图 3.2　通过事件触发了模拟信号数据监测

那些伴随着模拟监测过程中捕获初始数据（raw data）的数据

被称作"元过程"（metaprocess）数据。针对于目标的不同，元过程模型也会有与之相适应的不同类型，而这种初始输出（指元过程数据）与数据湖是最为相关的。相比于仅仅观察初始数据本身，元过程信息提供了另一种看待模拟信号数据的视角。图 3.3 描绘的是一些典型的元过程细节。

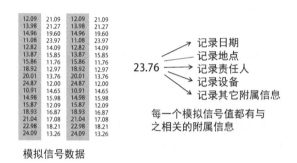

图 3.3   相比于仅仅观察初始数据本身，元过程提供了
另一种看待模拟信号数据的视角

很多时候，模拟监测数据被保存在日志磁带上。日志磁带是在创建模拟监测数据的事件的时候，一项或多项变量的连续监测记录。它通常是十分详细的，产生的数据之间的间隔非常小。

日志磁带的格式一般都非常复杂。由于其复杂性，通常会使用系统工具来读取和解析日志磁带。在多数情况下，日志磁带会捕获所有发生的事件，而不仅仅是那些感兴趣的事件或产生问题的事件。这样做的自然的结果就是日志磁带会包含极其巨量的信息。图 3.4 表示的是在普通的日志磁带中的模拟信号数据。

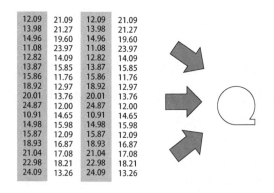

图 3.4 在日志磁带中保存模拟信号数据

3.2 应用程序数据

数据湖中第二类常见的数据类型是应用程序数据。应用程序数据由应用程序或业务处理产生，并发送到数据湖。尽管交易数据十分重要，但在数据湖中应用程序组件中，它却并不是唯一的数据类型。

在数据湖中，应用程序数据的典型类型包括销售数据、支付数据、银行支票数据、生产流程控制数据、出货数据、合同履行数据、库存管理数据、计费数据、账单支付数据、结费数据，等等。当发生任何与业务相关的事项时，这个事项会被应用程序所监测并创建数据。

数据湖的应用程序数据的具体表现形式多种多样。然而，其中最为典型的表现形式就是记录下应用程序的活动状态。这些被记录下来的数据将有可能被塑造为数据库管理（DataBase Management

Systems，DBMS）。应用程序数据也常见于重复的一致性结构。图
3.5 展示的就是这样的结构。

图 3.5　重复性的同质结构

应用程序数据中这种整齐而均匀的结构大多以记录的形式
出现，而不仅仅是一个模拟信号数据点。记录可能还会附带多种
属性（attribute）。其中一个或多个属性可以被指定为键（key）。
属性中的一个或多个值还可以有独立的索引。图 3.6 展示了在数
据湖中，典型的应用程序数据的键和记录的结构。

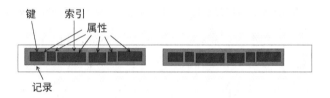

图 3.6　数据湖中的典型的键和记录结构

值得说明的是，应用程序数据的这种结构有可能严格依赖于
当数据被导入数据库时的结构。

3.3　文本数据

数据湖中第三种常见数据类型是文本数据。文本数据通常会
与一个应用程序相关联。然而，文本数据与应用程序数据却有着
极大的不同。应用程序数据是以一致的记录格式保存记录，而在

文本格式中的数据却并不会依赖于任何形式。

文本数据被称作"非结构化数据"，因为文本可以以任何形式（form）出现。举例来说，当人说话的时候，他们可以聊他们喜欢的任何流行话题。这些交流的内容通常是合乎逻辑的，但许多词句也可以抛开结构。他们可以说谜语和寓言。在这种情况下，他们所使用是另一类语言系统。他们的词句中会包含俚语、粗话，可以是正式的谈话或是一些小圈子里的笑话。所以很自然，例子中的这些文本非常依赖于语境内容，而且既不易查询，也不易于通过自动化手段来处理。

众多企业里典型的文本形式包括呼叫中心的对话、公司合约、电子邮件、保险申诉、销售简报、法庭命令、玩笑、微博、邀请函，等等。数据湖中的文本类型和存量无法计数。然而，为了使文本数据能够被用于分析，必须对文本进行处理。只要文本还维持其初始形式，那么基于文本所做的分析只能浮于表面。为了让文本能够被有效地分析，非结构化文本必须要经过一种被称为"文本消歧"的处理。

请注意，模拟信号数据和应用程序数据几乎不需要进行类似这样的处理，这是因为模拟信号数据和应用程序数据是以同质的形式被采集的，这类数据因而便于被计算机分析。但如果要对文本进行详尽的分析，那么数据就需要从它的非结构化状态经历文本的消歧，从而使它们能够被计算机所处理。

主要有 2 项重要任务交由文本消歧完成：

● 文本从非结构化状态转成可供计算机分析的结构化的

一致状态；

- 识别与文本相关的语境。

除了这两项主要功能外，文本消歧还有一些其他有用的功能。在这些消歧任务中最复杂的就是识别文本的语境，以及将文本与语境相互联系起来，见图3.7。

图 3.7　识别文本语境

3.4　另一个视角

在数据湖中，3 个主要的数据分类是，模拟信号数据、应用程序数据以及文本数据。但是在数据的类别中仍有一种介于重复性数据与非重复性数据的分类方法。大体来说，模拟信号数据和应用程序数据是具有重复性的，而文本数据则是非重复性的。图 3.8 展示了数据湖的中重复性数据与非重复性数据的分类的形态。

乍一看这似乎无足轻重，但将数据分为这两类却有着至关重要的作用。

在后面的几个篇章中，我们会去探究重复性数据和非重复性数据的差别，包括业务价值，以及这种分类的重要性。大体上，非重复性数据有着重要的业务价值，而重复性数据中的业务价值则相对较低。因为业务价值的鲜明对比，这两种数据类型形同泾渭（great divide），如图 3.9 所示。

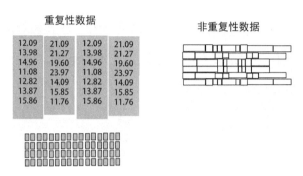

图 3.8 重复性数据指的是同样的数据单元反复地出现，

而非重复性数据则是在总体上不重复出现相同的数据单元

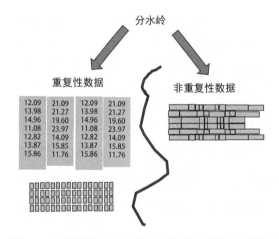

图 3.9 重复性数据与非重复性数据之间的巨大差别

3.5 小结

规置数据湖有多种方式。其中一种就是把数据分为以下 3 个类别：

● 模拟信号数据；

● 应用程序数据；

● 文本数据。

另一个重要的分类数据方法是将数据分为重复性数据与非重复性数据，而重复性数据与非重复性数据之间形成的差别被人称为"大分水岭"（great divide）。

第 4 章

数据池

为了将不同类型的数据规划成可供分析的结构，有必要在数据湖内创建高级（high level）的数据结构。当数据进入数据湖时，它首先进入的是初始数据池。设置初始数据池的目的是使它充当数据的存放单元（holding cell）。在初始数据池内，几乎没有分析或是其他数据活动。

一旦到了分析阶段，初始数据池内的信息就会基于不同的数据类型，被发送到 3 个不同的数据池之一。也就是说，模拟信号数据、应用程序数据和文本数据都有专用的数据池（pond）。

而将 3 种数据结构隔离开是很重要的，因为一旦进入数据池，将会发生大量的处理。需要指出的是，在这些数据池内所

进行的数据处理和调整是很不一样的。当调整完成后，池内的
数据就可以用来分析了。

　　当数据在数据池内经历了它的生命周期步入终结，它就会
从模拟信号、应用程序或是文本数据池内被移入归档数据池。
图 4.1 展示这种从初始数据池向模拟信号池、应用程序池或是
文本池的高层数据流动。

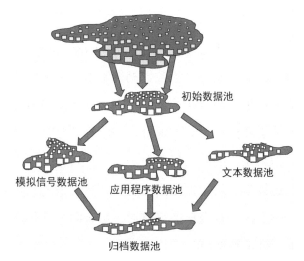

图 4.1　理解在不同数据池类型下的数据生命周期

4.1　数据修整

　　当数据进入了各种不同类型的数据池，初始数据就会经历修
整，以便用于分析。换句话说，如果初始数据没有经过修整，那
么它将难以支持业务分析，从而无法产生业务价值。这是因为信

息尚不足以用于研究，在一些情况下，未经修整的数据甚至是不可用的。因此，如果要支持业务分析，那么初始数据必须强制接受修整。

但是，对于不同类型的数据池，修整过程是截然不同的。

4.2   初始数据池

数据途经的第一站是初始数据池（raw data pond）。初始数据池就是许多机构最开始称之为数据湖的地方。但他们往往仅是将数据扔进数据湖里，却紧接着好奇他们为什么不能对数据作出任何有意义的分析和处理。公平地说，分析处理是可以基于数据湖中的初始数据来完成的。它仅需要一个数据科学家来作些分析。但是数据经过修整之后可以作出更为清晰和高效的数据分析。与此同样重要的是，一旦数据被修整后，那么即使是普通的业务用户也可以进行分析和使用。

一个有趣的架构问题是：一旦初始数据流从初始数据池流入了数据池，那么初始数据池内的那份数据是否还要保留？答案是，不。一旦初始数据从初始数据池流入了模拟信号数据池、应用程序数据池以及文本数据池，最好将源数据（source data）从初始数据池中移除。初始数据已经完成了它的历史使命，而且在初始数据池内作分析处理也是极为罕见的。不然，初始数据池会成为各种混杂数据的"居住地"，见图 4.2。

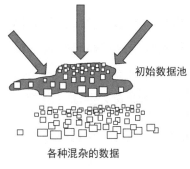

初始数据池

各种混杂的数据

图 4.2 变成混杂数据的"居所"

初始数据池中的数据应该尽可能快地被传递到所支持的数据池内。对初始数据池的一个质量衡量标准就是它有多小以及它向外传递数据的速度有多快。

4.3 模拟信号数据池

模拟信号数据池，很自然地，是储存模拟信号数据的地方。模拟信号数据的修整主要包括数据缩减（data reduction），即将模拟信号数据的数据量减少到可操作、可管理、有意义的数据量，并对池内的数据重新整理。

4.4 应用程序数据池

应用程序数据池被一个或多个在运行着的应用程序所占有，而应用程序数据可能是数据湖中"最干净"的数据了，因为它是由应用程序所产生的。所有应用程序数据池内的数据都是具有一致性的结构的，同时包含着与业务运作相关联的数值。但同时，应用程序数据池内的数据也是未经整合（notoriously unintegrated）的数据。不过，如果池内所有的信息都来自单一应用程序，那么数据池内的数据是有可能被整合过的。但是，对于大型企业来说（大多数拥有数据湖的大企业），数据池内的数据很有可能来自多个不同的应用程序。而正是这种多数据源的数据让分析师们头疼不已。

4.5 文本数据池

文本数据池是放置非结构化的文本数据的地方。这里的文本可以来自任何地方。池内的文本由于难于进行深度处理，因而恶名昭彰。未经转换的文本仅能做一些表面的分析，为了做深度分析，文本需要经过数据消歧处理。

数据消歧有两个作用：

- 文本可以被转换成一致的数据库格式；

- 文本的语境可以被识别出来，并将它关联到文本。

4.6 将数据直接传入数据池

值得注意的是，数据没有必要一定经过初始数据池，尽管这是常规的做法。如果开发者经验老道，那么直接将数据传入模拟信号、应用程序以及文本数据池也是可行的。然而，大多数的数据之所以会经过初始数据池，仅仅是因为绝大多数的企业在一开始会这么做。图 4.3 展示了初始数据可以直接被传入模拟信号、应用程序、文本数据池。

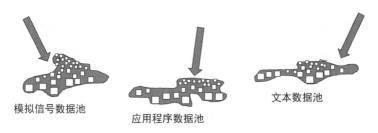

图 4.3　将初始数据传入不同的数据池

在数据生命周期最后的阶段里，数据会从模拟信号、应用程序、文本数据池被传入归档池。

4.7　归档数据池

图 4.4 展示了从各种数据池到归档数据池的数据传递过程。

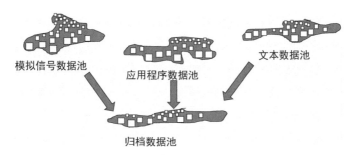

图 4.4　可以将数据存入归档数据池

归档数据池设计的目的是保存那些不常用于分析，但在未来某个时间点可能会被用到的数据。

4.8   小结

若要使数据湖具备分析操作的能力，那么就需要把数据湖分解为几个数据池：

● 初始数据池是数据进入数据湖的第一站。初始数据池的用处在于存放数据；

● 模拟信号数据池是模拟信号数据会被导入的地方；

● 应用程序数据池是应用程序数据会被导入的地方；

● 文本数据池是聚集文本数据的地方。

基于所进入的数据池的不同，初始数据会经历不同的修整过程。最终，当数据抵达了生命的终点，它就被传入归档数据池。

第 5 章
数据池的通用结构

每一个数据池（除了初始数据池外）都有一些共同的组成部分。

- 数据池描述（pond descriptor）：数据池描述包含了一些外部内容，数据池的内容和展现（manifestation），以及数据的来源。

- 数据池目标（pond target）：数据池目标描述的是公司的业务与数据池中的数据之间的关系。

- 数据池数据（pond data）：数据池数据仅是那些在数据池中存放的数据实体。

- 数据池元数据（metadata）：元数据描述的是数据池内的数

据特征的实体。

● 数据池元过程（metaprocess）：元过程信息是关于数据的
转换和调整的信息，为了使数据产生价值，必须要对池内
的数据进行转换和调整。

● 数据池转换标准（pond transformation criteria）：数据池转
换标准是对池内数据应如何转换和调整的文档。

5.1　数据池描述

以下是数据池描述所包含的信息。

更新频率（frequency of update or refreshment）：更新频率是指
数据被发送到数据池的周期，或是池外数据的更新频率。这可以
是计划内的数据移动，或是按需进行的数据刷新。

来源描述（source description）：来源描述的是数据池内数据
的源流（lineage）。在许多情况下，数据来拥有不止一个来源。源
流的信息之所以有用就体现在做数据分析时，可以用来确定池内
的数据是否适合用于所做的分析。

数据量（volume of data）：数据量是对数据池内的有多少数据
的规模做一个大体描述。数据量既测量数据条目数量，也记录数
据的字节大小。它会极大地影响所进行分析的类型和深度。

选择标准（selection criteria）：选择标准是数据池内所采纳的

数据的标准的描述。数据的选择标准对于分析师在决定选择什么数据和为什么采纳这个数据时是十分重要的。

摘要标准（summarization criteria）：大多数时候，数据在进入数据池的时候就会被归纳或是处理。而摘要则是所用算法的描述。但在有些情况下，数据会以不同于摘要的模型方法进行转换。摘要标准则是对池内数据采用了什么算法处理所作的描述。摘要标准对于分析师在决定如何分析数据是十分有用的。

规划标准（organization criteria）：一旦数据被置入数据池内，那么它就会沿着数据池的既定目标进行处理。数据池的目标与业务中的数据模型十分相似。数据的规划既可以是刚性严格的，也可以是柔性随意的，但不管怎样，都会有一个对于数据池是如何规划的描述。数据规划的描述对于业务分析师理解数据池是很有用处的。

数据关系（data relationships）：通常，数据池内的数据有众多数据关系。这个部分所指的就是对于这些关系的描述。在进行业务分析时，数据关系对于业务分析师很有用处。

5.2　数据池目标

数据池目标是用于调整数据池内数据模型基础。它可以和正式的数据模型一样正规，也可以像池内数据的大体描述一样通俗。典型数据池目标的元素包括用户描述、销售记录、患者记录、部件号码、库存记录、SKU（库存单位）、电话呼叫记录、点击流、递送信息、保险申报、教授姓名、班级名称、班级日程、飞行时间表、航班清单、旅客记录、订票信息，等等。

数据池目标是使数据池内的数据与业务发生关联的媒介。在规划如何进行数据分析时，数据池目标对于数据分析师而言有着无可估量的价值。这样做的目的是使数据池目标中的元素与真实的业务之间建立确实的业务联系。

5.3　数据池数据

数据池数据是数据池内的数据的实体。依据不同的存储机制，数据能够被组织成多种形式。而在大数据的世界里，信息通常以"读取模式"（schema on read）的方式保存。在这种系统下，数据最初会被保存在数据块中。而后，当对数据进行查询时，系统开始读取数据块，并确定数据块内的数据集结构（schema）。

通过这种方法可以高效地存储大量数据。然而，以"读取模式"（schema on read）的形式储存数据，检索数据和分析数据会导致系统担负大量的开销。每当被访问时，池内所有的数据会都以"读取模式"的方式被访问。

5.4　数据池元数据

数据池的一个重要组件就是元数据，它被用来描述池内数据的具体特征。元数据取决于数据池内部和外部数据的具体组织方式。如果数据保存在数据池外部的标准数据库管理系统内，那么几乎所有的特征都可以被载入数据池内。在这种情况下，分析师则可预期找到同样的记录、属性、键以及索引。

但如果数据在数据池外部是以文档形式保存的，那么分析师可以预期通过文档的组织方式（document organization）寻找到所需数据。甚至，即便数据保存在"读取模式"（schema on read）的系统内，元数据依然不可或缺。然而，数据是在数据池内被组织整理的，因而需要通过元数据来描述。若离开了元数据，那么分析师就很难确定该如何读取和分析数据池。图5.1 表示了数据池包含着关于数据的元数据。

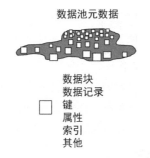

图 5.1　在数据池中存储有关数据的元数据

5.5　数据池元过程

元过程描述的是在数据池内发生的转换。数据以初始状态进入了数据池。接着，数据被"调整"或被转换成对分析师有用并可理解的形式或结构。

值得注意的是，不同的数据池的调整过程是很不一样的。模拟信号数据池的调整过程就与应用程序数据池或文本数据池的调整过程不一样。

同样，元过程信息也会描述发生在数据池外的处理过程。在一些情况下，数据进入数据池之前，就会有大量的业务处理发生。而且元过程信息完全有可能在处理数据的时候被采集保存。元过程信息描述了每个数据池所需的调整过程，如图 5.2 所示。

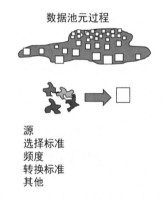

图 5.2　对每个数据池进行调整处理

5.6　数据转换标准

数据转换标准是用来描述数据池内的数据在转换过程中所经历的数据调整的标准。每一个数据池都有它们各自独特的转换标准。如模拟信号数据池会有一个用于监测（measurement）的阈值声明。其中的标准可能是这样的："如果长度大于 45cm，那么获取这条记录，否则就放弃这条记录。"或者也可能是这样的标准："获取某一台机器 5 月份所有的监测记录"。

在应用程序数据池内，就会有这样的标准："如果 gender（性别）= 0，那么将性别转换为女性。如果 gender = 1，那么将性别转换为男性。如果 gender = x，那么将性别转换为女性，如果 gender = y，那么将性别转换为男性。依此推类。"又或者会有标准声明为："如果测量单位是英寸，那么就换成厘米"。

在文本数据池内，会有转换标准诸如"如果 word（单词）= Honda，那么在分类中加入'车'。如果 word = Ford，那么在分类中加入'车'。如果 word = Volkswagen，那么在分类中加入 '车'"。又或者标准声明会是这样："如果 word = elm（榆树），那么 type（类别）= tree（树），如果 word = oleander（夹竹桃），那么 type = bush（灌木）"。

转换标准是分析师用来清楚地确定转换是如何被完成的。图 5.3 描述了每个数据池的转换标准。

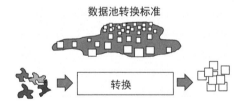

图 5.3 为每个数据池确定转换标准

5.7 小结

每一个数据池都包含以下数据类型：

- 数据池描述；

- 数据池目标；

- 数据池数据；

- 数据池元数据（metadata）；

- 数据池元过程信息（metaprocess）；

- 数据池转换标准（Pond transformation criteria）。

第 6 章
模拟信号数据池

模拟信号数据池的数据以监测值的方式被机械化地生产出来，并开始了生命的历程。模拟信号数据的来源有很多，例如电子眼、制造业的控制设备、日志磁带、周期性计量监测等。

模拟信号数据经常指以"英寸"或"毫秒"为单位测量的数据。英寸和毫秒所指的是测量频度的单位。一些产品会被排成一列，并每隔 n 英寸抓取一张快照，或是产品每隔 n 毫秒测量或生产一次。因此，不需要丰富的想象力就可以看到，机械监测记录可以产生大量的无关联的数据点。

6.1　模拟信号数据问题

模拟信号数据池中的数据通常都有两个问题。第一个是大量的数据。而对于由模拟信号处理（analog processing）生成的数据来说，再正常不过的就是数据量大了。一台静置着的机器每毫秒都会抓取一张快照。而同样，另一个再正常不过的事实是这些数据的 99.9% 都是普通而无业务价值的数据。相同（或近乎相同）的数值一遍又一遍地反复出现。在某种意义上，有趣的数据"隐藏"在这些浩如烟海的信息之下。

第二个问题是许多与模拟信号数据的生成相关联的重要数据丢失了。模拟信号数据的分析师习惯于仅收集模拟信号数据，而不收集与模拟信号数据相关的数据描述。不幸的是，这些数据描述要（远）比这些实际的模拟信号数据有价值。

对于应付这些模拟信号数据的分析师来说，挑战在于如何简化（streamlining）和提炼（outlining）出重要的模拟信号数据，以便在正式分析前进行数据准备。而简化和提炼则是通过模拟信号数据池的转换/调整来完成的。

6.2　数据描述

在模拟信号数据池中，围绕着信息的周边细节是非常重要的。一部分周边数据包括：

- 数据进入模拟信号数据池的选择标准；

- 模拟信号数据的来源；

- 模拟信号数据进入数据池的频率；

- 进入数据池的模拟信号数据的数据量；

- 模拟信号数据发生移动的日期和时间。

图 6.1 描述了模拟信号数据池。

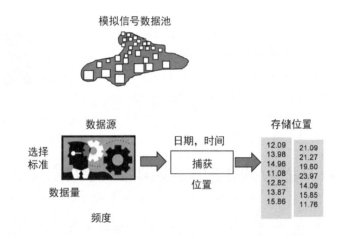

图 6.1　将数据存储在模拟信号数据池中

6.3　捕获初始数据、转换初始数据

当模拟信号数据进入模拟信号数据池的时候，会发生两个基本步骤。第一个步骤是捕获并将模拟信号数据移入数据池。第二个步骤是转换/修整模拟信号数据，使它们能够更容易地被终端用户所分析。

请注意，模拟信号数据的转换是完全在模拟信号数据池自身范围内发生的。

图 6.2 展示了捕获和转换活动。

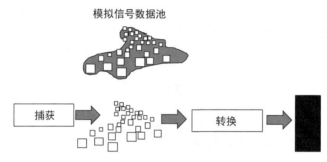

图 6.2　模拟信号数据池中的捕获和转换活动

6.4　转换/调整初始模拟信号数据

模拟信号数据池最有意思的地方是将初始模拟信号数据调整成对分析有用的数据。这个过程被称为"转换"（transformation），或者是"转化"（conversion）。

在早期，转化过程也被称作数据缩减（reduction），或是数据压缩（compression）。做数据缩减的目的是为了极大地减少数据存储量和以及所需的记录条目。另外，极大地减少数据的存储量所带来的另一个好处是减少了为分析处理这些数据所带来的系统工作压力。

模拟信号数据池内的数据缩减程度完全取决于分析师如何管理数据。数据集之间的数据缩减类型和程度是很多样的。

一些可用的数据缩减技巧如下。

- 消重（Deduplication）：数据消重需要消除大量的重复数据。

- 切除（Excision）：数据切除适用于消除不需要的数据，以及分析很可能不会用到的数据。

- 压缩（Compression）：数据压缩允许数据更紧密地打包在一起。但如果需要对压缩过的数据进行转换，那么数据压缩的问题就来了。因为转换压缩数据很难回避高额的开销。

- 平滑（Smoothing）：数据平滑是消除或修改异常值（outlier）的方法。

- 插值（Interpolation）：数据插值是基于所创建的数据点周围的数值而推断数据值的做法。内插的数值是一个"可能"（likely）的值。

- 采样（Sampling）：数据采样是在大集合中选择一个具有代表性的小子集。采样适用于分析处理，但不适用于精细的更新操作。

- 舍入（Rounding）：舍入是在数据集中删除或者舍入一些无关紧要的数据的做法。

- 编码（Encoding）：编码是用较短的数据字符串（shorter string）来代表长数据字符串的方法。

- 标记（Tokenization）：标记是数据编码的一种形式。当存储的数据具有高度重复性的时候，标记化是十分有效的方法。

- 阈值（Thresholding）：阈值是数据切除的一种形式。在阈值方法中，仅仅保留高于（或低于）阈值的数据。任何处于阈值边界内的数据都会被忽略。

- 聚类（Clustering）：数据聚类是用来分组数据的相似值和精确值的方法。聚类是数据消重的一种形式。

此外，还有许多其他形式的数据缩减方法。

数据池内任何既有的模拟信号数据集都可以应用以上一种或多种技巧。图 6.3 展示了数据从进入模拟信号数据池直到数据适合分析，所进行的数据基本转换。

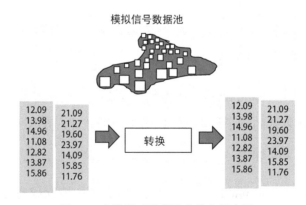

图 6.3　使数据对数据池中的分析有用

模拟信号数据池中的一些常见的数据缩减方法将在以下部分中讨论。

6.5 数据切除

也许最常见和最有用的数据缩减方法就是数据切除。在数据切除中，不被需要的数据会被简单地消除。那么，分析师如何知道哪些数据不再需要了呢？方法还是很多的。其中一种就是舍入（rounding）。假设有一个监测数据显示，轮子的直径是16.577 638 892 厘米。而在实际操作中，只有小数点后两位才是有效的。因此，四舍五入到前两位是可行的。这样，16.577 638 892被四舍五入到 16.58，从而节省了大量的空间。

数据切除的另一种方法是阈值。假设正在跟踪制造过程。成品由电子眼测量。只有长度不超过 1.257 厘米，而且不短于1.250 厘米，才是合格的零件。当零件离开装配线时，电子眼记录下了以下这些零件的数值：

```
1.256 937
1.251 004
1.249 887
1.254 887
1.261 095
1.255 087
1.252 090
1.254 981
```

通过使用阈值的边界，系统只会记录下容差范围之外的数据（即，异常）。在这个例子中，只有 1.249 887 和 1.261 095 被

记录下来，而其他的数值则被系统认定在容差值之内。图 6.4
展示了数据切除是数据缩减的有效工具。

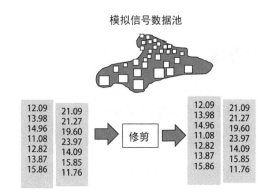

图 6.4 切除模拟信号数据池中的数据

6.6 聚类数据

另一项有用的技术是数据聚类。数据聚类有多种形式。其中
之一是将常见数值分类，或通过数值的范围分类。假设有以下监
测值：

```
1.56
1.78
1.67
1.57
1.65
1.70
1.62
1.73
1.77
```

一个更简洁的表示方法是将它们聚类。聚类后的数据看起
来会是这样：

```
1.5-2
1.6-3
1.7-4
```

在这个聚类过程里，有 2 个数值的范围介于 1.50～1.59，3 个数值的范围介于 1.60～1.69，而有 4 个数值的范围介于 1.70～1.79。

另一种聚类方法是这样的：

```
1.5 (1), (4)
1.6 (3), (5), (7)
1.7 (2), (6), (8), (9)
```

在这个方法中，序号被保留了。注意在第一个方法中，序号被丢弃了。

但无论在上述哪种情况下，都可能会使表示数值所需的总空间减少。事实上，聚类有众多更为复杂的形式，比如位图索引（bitmap indexing）。图 6.5 描述了聚类在模拟信号数据池中作为数据切除的一种形式，在调整数据的时候发挥了作用。

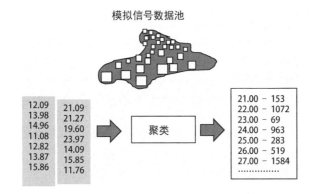

图 6.5   在模拟信号数据池中聚类数据

6.7　数据关系

在模拟信号数据池中，另一种有效调整数据的方法是建立监测数据之间的关联。举个例子来说，假设我们监测并抓取了如下一组轮胎的空气压力：

```
35.6 psi
36.1 psi
34.6 psi
36.2 psi
34.8 psi
35.7 psi
35.9 psi
```

尽管轮胎的胎压本身可以是很有趣的数据，但如果将它们关联到轮胎的制造商时，监测会更加有趣。试想一下关联后的数据可能会看起来像这样：

```
35.6 psi Goodrich
36.1 psi Bridgestone
34.6 psi Goodyear
36.2 psi Bridgestone
34.8 psi Alliance
35.7 psi Michelin
35.9 psi Panther
```

一旦轮胎制造商被关联到了压力指数上，就会产生出更多分析的可能性。但假设我们可以获得更多数据。比如安装轮胎的日期被关联到数据上，那么结果看起来就会是：

```
35.6 psi Goodrich July 20, 2016
36.1 psi Bridgestone Jan 5, 2013
34.6 psi Goodyear Oct 6, 2015
```

```
36.2 psi Bridgestone Nov 17, 2016
34.8 psi Alliance Dec 20, 2015
35.7 psi Michelin Mar 2, 2013
35.9 psi Panther Apr 28, 2014
```

还有更多类型的数据可以被添加进来。例如，假设轮胎的行驶里程被置入了数据。那么结果就会变成：

```
35.6 psi Goodrich July 20, 2016 16, 500 miles
36.1 psi Bridgestone Jan 5, 2013 85, 980 miles
34.6 psi Goodyear Oct 6, 2015 24, 000 miles
36.2 psi Bridgestone Nov 17, 2016 2, 000 miles
34.8 psi Alliance Dec 20, 2015 14, 970 miles
35.7 psi Michelin Mar 2, 2013 78, 400 miles
35.9 psi Panther Apr 28, 2014 65, 980 miles
```

图 6.6 展示了将关系添加进模拟信号数据池，将会显著地提升数据的可用性和获取数据的兴奋感。

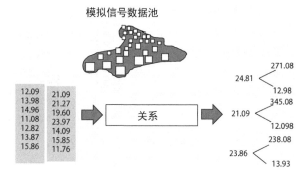

图 6.6　通过关系使模拟信号数据池更有价值

6.8　未来使用的可能性

所有对模拟信号数据池内的数据所进行的转换、调整的设计决策都要由未来的使用概率而定。如果一个数据单元在未来被访问的概率很低，或甚至根本不会被访问到，那么它就可以被安全地移出模拟信号数据池。但如果一个数据单元拥有很高的访问概率，那么它就可以永久驻留在模拟信号数据池中。事实上，访问概率越高，永久驻留在模拟信号数据池内的可能性就越高。

当然，不是所有的可能性都能被准确地预见到。因为这个生活中简单的事实，所以，即使一个数据的访问概率很低，也不要将它丢弃，而是将它放置到一个不太显眼的位置上去。图 6.7 展示了未来对数据的访问概率决定了在数据池内所进行调整和转换的设计决策。

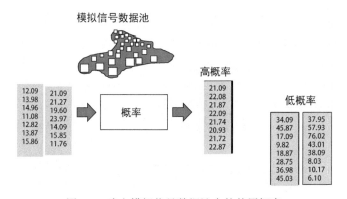

图 6.7　确定模拟信号数据池中的使用概率

6.9　异常值

在模拟信号数据池中分析者感兴趣的另一个因素是偶尔出现的异常值。异常值是发生不合常理的事件的监测值。通常，监测值都具有可以遵循的规律（pattern）。它们会与规律之间存在少量的偏差，但大多数的监测值都是可预见并符合规律的数值。异常值既不合规律，并且也无法相互比较，这就使它们不具备其他数据所具有的典型特征。图 6.8 展示了数据的监测集和几个异常值。

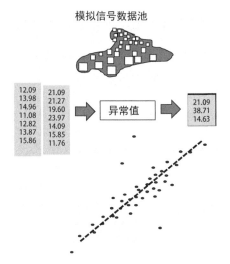

图 6.8　在模拟信号数据池中捕获异常值

异常值总是令人感兴趣的，同时也值得重点研究。作为异常值的一个例子，假设有一个电话公司要做从新泽西州到德克萨斯州的通话时长的分析。大多数的通话都维持了 5～6 分钟。有一部分通话短一些，一部分长一些，但多数都在这个范围里。然而，电话公司注意到有 3 个通话时长超过了 24 小时。电话公司决定调查这些超长的通话，发现：

一个通话记录其实是一台电脑与另一台电脑的数据传输。

另一个通话是设备发生了故障。这个通话其实只持续了 1 分钟，但监控设备却发生了故障，使这个通话看起来变成了一个超长的通话。

最后一个通话是一个下载电影的用户误用了错误的线路下载。

当一个机构检查异常值时，机构可以决定使用什么方法来应对它们。一个方案是将异常值清理出数据集。另一个方案则是重新定义数据集以便接纳异常值。第三个方案是使用新的算法创建另一个数据集来定义这些监测值的分布。

一旦数据被调整过，那么它们就可以让分析师来使用。而分析师则会使用这些调整、转换后的数据来进行既定的分析，如图 6.9 所示。

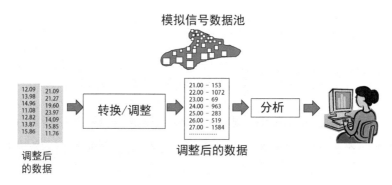

图 6.9 在模拟信号数据池中分析数据

6.10 临时性的特定分析

经过调整的模拟信号数据还有另一个用途，即特定分析（specialized analysis）。对数据进行专门的特定研究也是很常见的工作。而这些经过调整的数据则很有可能成为这些特定分析的基础。

例如这些调整过的数据是为制造业环境使用的。常规上，会使用调整过的数据来进行模拟信号数据的分析。但假设一个新的制造商进入市场。公司希望对小部分旗下产品作一次单独分析，而将特定产品与主流产品分开进行分析是很正常的。有了这些处理过的数据作为分析基础，就可以很轻易地进行新的以及计划外的分析。图 6.10 描述的就是可以使用调整过的数据来进行专门的临时性分析。

6.11 小结

模拟信号数据池是模拟信号数据被存储、调整以及分析的地方。调整过程视模拟信号数据池内的数据种类而定。图 6.11 展示的是模拟信号数据池。

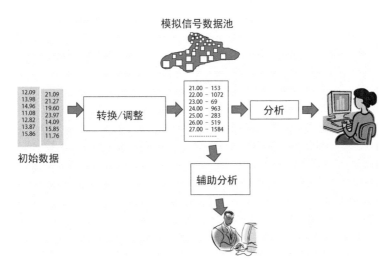

图 6.10   在模拟信号数据池中执行临时性的特定分析

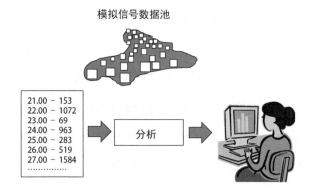

图 6.11　分析模拟信号数据池中的数据

第 7 章

应用程序数据池

应用程序数据池是存放与应用程序相关的数据的地方。大多数（但不是全部）应用程序数据都是与交易相关联的。交易发生了，那么相应的电子记录也就产生了。电子记录会在公司的业务系统中被存储和使用，而后用于当前的交易。最后，当电子记录在业务环境完成了它的历史使命之后，交易的记录就被会送到应用程序数据池中。

还有一种形式的业务应用程序数据（operational application data）也会进入应用程序数据池。这里面可能会有顾客列表、产品目录、装箱单、发货日程、交货日程、通话记录等作为业务应用程序数据而被捕获的数据。

7.1　数据的基因

应用程序数据的一个成因是用作业务系统的基础。由于所获得的数据会被转存到业务应用中去，那么它的初始记录，对于进入应用数据库（application data bank）的数据的存储和整理方式方面，具有极为深刻的影响。在很多方面，业务应用所获取和存储的初始数据就变成了应用程序数据的 DNA。它就如同地球上每一个人所具有的各种人种特征一样具有深刻的意义。每个人或这样或那样地留有他们的人种的源流信息，而人们的 DNA 又势必会影响他们的生活。它影响着他们的健康、身高、体重以及生活的其他方面。DNA 是定义应用程序数据特征的因素之一，正如它对生命本身一样。

业务应用程序数据拥有如同 DNA 源流一样的深远的意义。业务数据的处理决定了数据粒度的等级、数据组织、数据的内容、值得关注的业务（business）事件、事项的时序、数据形成及存储的方式，等等。图 7.1 展示了数据一旦进入了应用程序数据池，那么应用的基础架构就会对数据产生深刻的影响。

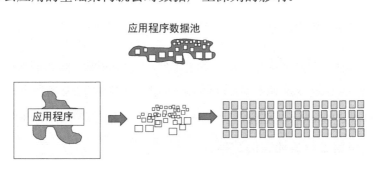

图 7.1　当数据进入数据池时就会对数据发生影响

7.2　数据描述

应用程序数据的描述包括应用程序数据的来源、应用程序数据的数据量、应用程序数据被收集的频率以及其他相关的信息。描述信息对于分析师来说是很有用的，这帮助他们决定如何创建以及如何精确分析应用程序数据。

对于应用程序数据池来说，包含多种应用程序的数据是很正常的。对于一个大型企业来说，则几乎一直是这样的。尽管不常见，但应用程序数据池中所有的数据都来自于同一个应用程序所产生的数据也是一种可能发生的情况。不过，几乎所有大型企业都会运行多种应用程序，包括内部系统以及外部解决方案。图 7.2 展示了应用程序数据池的数据描述。

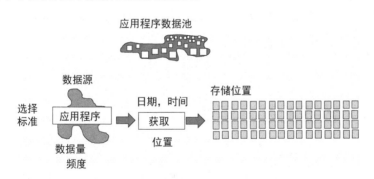

图 7.2　描述应用程序数据池的描述描述

7.3　标准数据库格式

对于基于应用程序的数据来说，以标准关系型数据库格式进入应用程序数据池是很正常的。大多数的应用程序都会以行和列来保存数据。所以应用程序的数据通常也会以标准数据库格式被转移到应用程序数据池中。

请注意这里提到的关于应用程序数据池的前提假设不同于模拟信号数据池中所作的假设。这是因为，在模拟信号数据池中，信息以初始的数据状态出现，通常是一长串的监测结果。而在应用数据池内，数据会以数据库格式的形式出现。

有趣的是，不能仅凭着应用程序数据池内的数据是以数据库格式的形式出现的，而认为数据库的优势也随之一起被保留在应用程序数据中了。仅凭数据是在关系型数据库中被创建出来这一点，是不能保证数据库对数据的严格要求也被带入到了应用程序数据池中去的。一旦应用程序数据进入了数据池，它就会被应用程序数据池所使用的各种可能的管理技术所接管了，而这些技术很可能不同于标准的数据库管理系统。

7.4　数据的基本组织

由于数据源自于应用程序，应用程序数据池中的具体内容通常会被拆分成记录。记录（record）会拥有属性（attribute），其中一些属性会成为键（key），而另一些属性还可以被索引（indexed）。图 7.3 展示了在应用程序数据池内数据的基本组织方式。

图 7.3 组织应用程序数据池中的数据

7.5 数据的整合

当数据到达应用程序数据池后，它可能会具有与业务（business）相关的结构。如果数据在传入应用程序数据池之前就被整合过，那么它就会很自然地具有内嵌的结构。但如果数据在进入应用程序数据池之前并未经过业务线的整合，那么数据就不会无缘无故地被整合。

面向业务（business）整合意味着数据是根据公司的主要经营领域进行规划的。典型的公司经营领域包括：顾客、产品、货运、订单、交付等内容。

如果分析师想要发掘数据的意义，那么数据就必须与业务（business）进行整合。而分析的有效性所面临的最大障碍恰恰源自应用程序数据池中的数据缺乏整合。

7.6 数据模型

为了实现应用程序数据池中数据的整合，引入数据模型是十

分必要的。通常，企业都会建有数据模型。即使企业没有自建的
数据模型，那么也会使用一些通用的业务模型。

在应用程序数据池中选取数据模型必须仔细。举例来说，在
业务操作（business operations）中的数据模型是独立于数据仓库
事务（warehouse operations）的。不过在大多数场景下，企业数据
仓库的数据模型对于应用程序数据池也是适用的。图 7.4 展示了
数据模型成为应用程序数据池的"目标"模型。

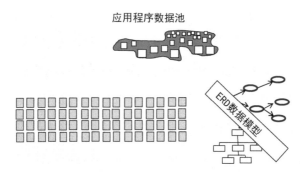

图 7.4　创建应用程序数据池的"目标"数据模型

数据模型有许多优点。其中一个优点是数据模型对于如何关
联数据提供了高层（high-level）的指导。这个高层的视角贯穿了
实体，关系或是主题（subject）。但同样，数据模型也伴随着低层
（lower level）的视角。在更细节的层次上，数据模型指引了诸如
元数据这样重要的元素。元数据对数据的细节给予了描述，比如
定义了条目以及条目所具有的含义，定义了属性和属性所具有的
含义，以及键、案引、数据关系等。

分析师在准备应用程序数据池时会发现元数据定义会给分

析这一类的数据带来极大帮助。但处于应用程序池内的数据模型有一项经典数据模型所不具备的复杂性。应用程序数据池所保存的数据的时间跨度很大，而数据模型本身却总是处于变化。因此，应用程序数据池需要非常灵活。

分析师需要知道随着时间的推移，元数据发生了哪些变化，因为池内的元数据需要在分析时被纳入考虑。因此，在应用程序数据池内的数据模型会是很复杂的模型。

7.7　整合的必要性

如果数据在整合状态下被引入应用程序数据池，这是很幸运的。相反，如果数据是在非整合状态下被引入了应用程序数据池（这种情况非常普遍），那么数据组织者必须在数据进入数据池后马上开始进行转换。这个转换步骤与模拟信号数据池中的调整非常相似。

如果想要使数据分析具有意义，那么将数据转换为整合状态就是非常必要的了。将应用程序数据池内的数据进行转换和整合有很多原因。考虑以下这组转换，见图7.5。

不同的应用对于性别有着不同的编码方式。为了使分析保持一致性，应用程序数据需要被调整成一致的性别定义。对于测距的数据也是这样。如果要进行有意义的分析，那么就需要把英寸、英尺、和码（yard）调整为一致的单位，如厘米。

澳大利亚元、加拿大元……像上面一样，也要统一成一致的货币单位。

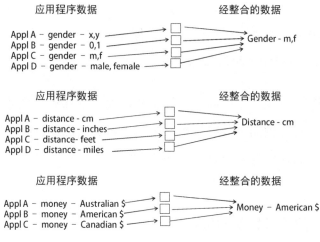

图 7.5 在应用程序数据池中转换数据

　　不幸的是，像图示中所述及的转换仅仅是整合操作的冰山一角。为了使数据进入整合状态，还要做非常多的转换。而对于没经过转换的数据，分析师是无法作出有意义的分析的。图 7.6 展示了应用程序数据池内基本数据转换，这样的转换会从数据进入数据池开始一直进行到数据可以用作分析为止。

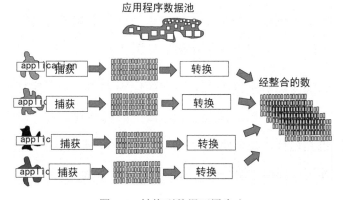

图 7.6 转换到数据可用为止

7.8　从一个应用指向到下一个应用

在某些情况下，当两个应用程序发生合并时，所产生的结果则是从一个应用对另一个应用的指向关系（pointer）。这个关系很简单。

举例来说，试想一个周六晚上演出订票的业务活动。有客户应用程序、数据库和数据库的票据订单应用。在这种情况下，可能会有一个简单的客户应用程序的数据结构，看起来会是下面这样：

```
Bill Inmon
John Williams
Carol Renne
Georgia Burleson
Jeanne Friedman
```

而票据数据库则是这样：

```
Sat night 7: 15 seat A12
Sat night 7: 15 seat A13
Sat night 7: 15 seat A14
Sat night 7: 15 seat A16
```

一旦数据被整合了，那么结果看起来是这样的：

```
Bill Inmon Seat A12, seat A13
John Williams
Carol Renne Seat A15
Georgia Burleson Seat A14
Jeanne Friedman
```

图 7.7 展示了两个应用之间整合的简单的指向关系。

应用程序数据池

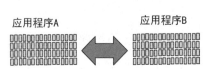

应用程序A　　　　　　　　应用程序B

图 7.7　在应用程序数据池中整合数据

7.9　交并应用

更复杂的情况是两个应用发生交并 （intersecting）。当两个程序发生交并时，交集部分的数据会被独立地创建出来。独立创建的数据会形成独立的数据集合。举例来说，假设有一个石油公司和一个汽油分销公司。在 9 月 2 日，分销公司交付了一批汽油。数据库看起来是这样：

```
Oil Company Distribution Company
Standard Oil Flying Horse Shipping
Conoco Akers Distributing
Texaco
```

现在假设有一组交付完成了，那么交付记录可能会是这样：

```
Delivery AS15-YR
From Standard Oil
To 6534 Wolfensberger Road
Castle Rock, CO
By Flying Horse Shipping
Amount: 2000 gallons
Date Sept 2
```

交并数据符合现有的应用程序数据，图 7.8 展示了在应用程序数据池中可以有交并数据以及其他类型的数据。

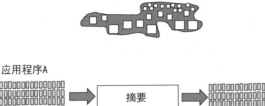

图 7.8　在应用程序数据池内的不同类型的数据

7.10　应用程序数据池内的数据子集

有时候，分析师会希望从已经被整合的应用程序数据中选出一些数据。这也是一种可能。图 7.9 展示了从应用程序中选出了一个数据子集，并保存在应用程序数据池中。

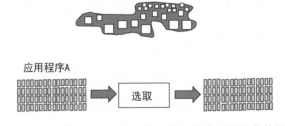

图 7.9　选出一个应用程序的子集，并存储在应用程序数据池中

举一个选数据出来的例子，假设有一个应用程序数据库包含了 5 月份的通话记录。分析师希望选出在 9 月 15 日那一天所有超过 3 分钟的通话。通过这样操作，分析师极大地减少了系统为了找到那些数据所预期要处理的工作量。

7.11　小结

数据只有经历整合才能适用于分析。图 7.10 展示了只有应用程序数据池中整合的数据才可以用来分析。

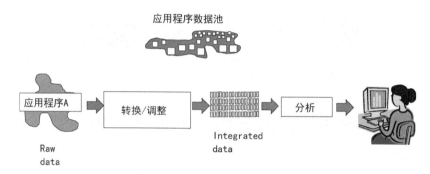

图 7.10　在应用程序数据池内分析数据

一个应用程序的 DNA 是存在于业务环境（operational environment）中的数据。业务数据作为基础架构，很好地延展到了应用程序数据池中。同时，应用程序数据池中的数据描述对于分析师来说非常有用。

业务环境（operational environment）中的数据通常以关系型的格式存储。关系型的数据包含记录、属性、键、索引等。当数据被置入应用程序数据池时，数据会反映出它的关系源流（relationship origins），即使应用程序数据池的数据管理方式并不是关系型数据库管理系统。

然而，当分析发生时，应用程序数据池中的数据必须是整合过的数据。整合对于即将使用数据的业务分析师（business analyst）

来说是必不可少的。

应用程序数据池中的数据会经历调整过程，就如同模拟信号数据池的数据必须要调整一样。然而在应用程序数据池中发生的调整过程与在模拟信号数据池中发生的调整过程是很不一样的。

第 8 章

文本数据池

第三类数据集合是文本数据池。在企业级环境中有大量的文本数据。不幸的是，只有非常少量的文本数据被转换成了适合分析的状态，或是能成为决策的依据。然而，大量的文本信息是具有潜力的。文本数据没有理由不能适用于分析处理。

8.1 统一化的数据与计算机

文本数据之所以在企业决策上面临使用困境，是因为计算机需要用统一的方式（uniform manner）处理数据。计算机擅长于读取一条记录，处理它，然后接着读取与上条记录同样格式的下一条数据。系统在处理重复问题方面得心应手。但当计算机需要对每一条具体数据都细加琢磨，这对计算机来说可不好受。对于文本来说，每一个单词（word）都须视为一个全新的宇宙。

正是因为这个原因，在计算机能力所及的范围内，文本以极为粗略的方式被处理。计算机技术之于文本叙述，恰如油之于水。它们就是没法儿合得来。

8.2　宝贵的文本

对管理决策具有宝贵价值的信息包括：

- 公司合同

- 企业通话记录

- 客户反馈

- 病例记录

- 保险索赔单

- 人力资源记录

- 保险政策

- 贷款申请

- 公司备忘录

然而，大多数企业收集了文本数据，存入文件，就再也不会看一眼了。这些信息仅仅占了一个文件空间，而后无人问津。

但企业大都不看文本文件也有一个正面原因：太多了。如果有人坐下，并开始对文本进行大量阅读，这人估计事后也不会记得到底读了些什么。

人类大脑不适合于做大量文本阅读这样的事情。

8.3 文本消歧

有一种意义深远的技术，称为"文本消歧"，它改变了文本用于决策的能力。这个技术被用来读取和分析文本，之后将它们转换为标准数据库格式，并且能够以数据库格式识别文本的上下文语境。

大多数企业尚未发现文本消歧技术。这就是为什么大多数的文本是以初始文本状态，被移入文本数据池。有时候文本是以正式语言，非正式的笔记，俚语，粗话或是其他语言的形式被放入数据池的。

而最常见的文本形式是电子邮件，推文（tweet）以及其他的社交媒体，但数据也可以通过具体的物理媒介作为载体，比如OCR（光学字符识别）（Optical Character Recognition），或是语音转录（voice transcription）。然而，当数据到达文本数据池后，这时的文档或是文本，通常，仍然是非结构化的（对于计算机来说）童话。

8.4 传入数据池的文本

图 8.1 展示了已经被获取并且发送到文本数据池的文档。

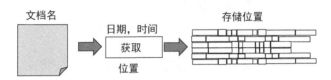

图 8.1 向文本数据池中发送文档

当企业试图去读取或是理解初始的、叙述性的文本的时候，他们会发现只能做一些很肤浅的分析。如果企业下决心要利用文本数据池，那么对初始文本进行文本消歧就是必做的功课了。

请注意，文本的消歧仅仅是另一种数据转换和调整的形式。对数据的转换和调整我们已经在模拟信号数据池和应用程序数据池中见过了。然而，文本消歧与数据缩减和应用程序数据的整合很不一样。

因此在数据池内的文本数据需要经历调整和转换的洗礼也就没什么奇怪的了。其中值得注意的是，不同数据池间的调整和转换是完全不同的。在这些不同的数据池之间的转换和调整的技术（如果非要去找一些的话）仅有一丁点的重叠。图 8.2 展示了在文本数据池中文本消歧的需求。

文本数据池

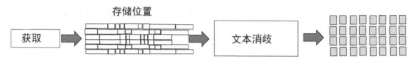

图 8.2 在文本数据池内应用的文本消歧技术

8.5 文本消歧的输出

为了将数据存储为标准的数据库格式，有必要将文本以记录的方式保存下来。每一条记录都有一个经处理的对应文本，以及与之相对应的上下文语境，文本字节数和文档名。为了将这个过程更好地展现出来，看一下图 8.3 所述的案例。

文本

房屋租赁 026-B1

这是一份给 Bill Inmon 的租约，房屋地址 256 Lyons Court，Castle Rock，CO 80104
上述租户承租时间从 2005 年 1 月 1 日至 2009 年 12 月 31 日，在本文件完成后即支付
4000 美元的总额。上述姓名住户同意租赁人——阿克隆租赁公司不定时检查。

···

消歧后的数据库信息

<u>文档-编号，字节，文本，语境</u>

026-B1，5，租约，租赁人

026-B1，28，Bill Inmon，租赁人

026-B1，37，256 Lyons Court，地址

026-B1，56，80104，邮编

026-B1，98，Jan 1，2005，起始时间

···

图 8.3 文本消歧案例

这样，一份在个人与公司之间的租约就达成了。这段文本定义了租约的条款。租约被传入并通过了文本消歧过程。一旦被处理，文本就被归纳成了数据库格式，当这个文本语境被确认后，文本就会被计算机读取并进行分析处理。看看消歧功能在消歧文本的时候都做了什么是十分有意思的事情。

8.6　固有的复杂性

复杂是语言所固有的特性，也正是因为这个原因，文本消歧也无法避免复杂。事实上，在文本消歧的内部，有超过 90 个不同的函数以算法的方式造就了文本消歧。一些（但不是全部！）有意思的文本消歧的工作机理罗列如下。

- 内在语境判断（Inline contextualization）：内在语境判断是通过检查周围单词来识别文本以及其上下文语境的技术。例如，在上述文本中……Bill Inmon 的租约，租凭人……内在语境判断仅适用于具体可测的文本场景，比如合同。在这个例子中，Bill Inmon 被识别为租凭人。

- 邻近（Proximity）：相比于彼此疏离的字词，彼此邻近的词更容易发生词义的改变。例如文本……丹佛野马赢得了超级碗（Denver Broncos won the Super Bowl）……词组"丹佛野马"（Denver Broncos）被截取，并赋予了一个专业橄榄球队的意义。邻近分析会处理任意顺序的字词。

- 拼写转换（Alternate spelling）：在英格兰，单词 color（颜色）的拼法是 colour。拼写转换方法被用于多种类型的函数方法内。

- 同形词辨认（Homographic resolution）：在许多情况下，一个词或缩写的具体含义是需要了解这个单词的是由谁写的。一个心脏病学家会将"ha"解释为心脏病发作（heart attack），而内分泌医生会将"ha"解释为甲型肝炎（hepatitis A），而一个全科医生会将"ha"解释为头疼（head ache），诸如此类，不胜枚举。同形词的分辨技术是拼写转换的一种复杂形式。

- 缩写的辨认（Acronym resolution）在军队里，AWOL 意味着擅自离队。缩写的分辨技术也是拼写转换的一种形式。

- 自定义变量识别（Custom variable recognition）在美国，数字串形式 999 999 9999 被解释为电话号码。企业有很多诸如此类的变量需要依靠变量本身的结构去识别。

- 类别的辨认（Taxonomy resolution）：当一个文档提到大众，或是本田，那么它是在指向一辆车。类别辨认是文本消歧中一个最重要的函数方法。

- 日期标准化（Date standardization）：1999 年 7 月 5 日，与 1999/07/05 所表达的日期是一样的。日期标准化是一个十分常见而且有用的方法。

这个短短的函数列表仅仅表现了一些重要的文本消歧方法。

为了将文本缩减成数据库形式，还有更多的功能需要通过文本消歧来达成。

值得注意的是仅仅处理文本并不足以进行分析处理工作。为了有效地进行分析，有必要识别并处理上下文的语境。而应付文本语境是一件远比处理文本本身困难的事情。

8.7　文本消歧的功能

图 8.4 展示了一些文本消歧功能。

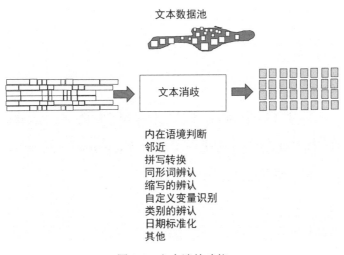

文本数据池

文本消歧

内在语境判断
邻近
拼写转换
同形词辨认
缩写的辨认
自定义变量识别
类别的辨认
日期标准化
其他

图 8.4　文本消歧功能

8.8　分类与本体

每个数据池都有一个允许数据池内数据与机构业务发生关联

的目标。虽然在应用程序数据池中有企业数据模型，但是企业数据模型并不能很好地与文本世界相关联。而与此相对应地，在文本中有分类与本体的划分。

分类（Taxonomy）是一类事物的类别（classification）。现实生活中有许多分类法则。作为分类的例子，请看如下这些示例：

```
汽车（Car）
 本田（Honda）
 保时捷（Porsche）
 大众（Volkswagen）
 福特（Ford）
 丰田（Toyota）
或是
树（Tree）
 榆树（Elm）
 松树（Pine）
 枞树（Fir）
 橡树（Oak）
 核桃树（Walnut）
```

所以，分类（Taxonomy）不过仅仅是事物的类别（classification）而已。本体（ontology）是相关分类（Taxonomies）的分组，再举个例子，请看如下这个示例：

```
国家（Country）
 美国（USA）
 加拿大（Canada）
 墨西哥（Mexico）
 澳大利亚（Australia）
 南非（South Africa）
以及
美国（USA）
 得克萨斯州（Texas）
 新墨西哥州（New Mexico）
 亚利桑那州（Arizona）
```

科罗拉多州（Colorado）

美国那一组分类之间的关系是由各个州组成的。而以上这两个分类一起，构成了一个本体。

世界上有近乎无穷的分类（以及本体）。分类和本体构成了文本数据池目标的基础，如图 8.5 所示。

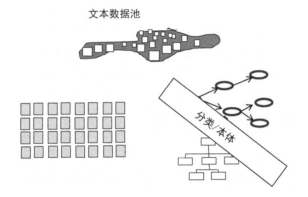

图 8.5　利用文本数据池中的分类与本体

8.9　文本与语境的价值

具备文本和语境两者的内容可以非常容易地表示出来。假设有一些关于人群的文本。在一些文本中出现了不同的名字。有 Joe、Susan、Mike、Terry。现在假设你想找一个叫 Joe 的军官。如果你对所有的 Joe 进行查询，你会得到酒保、罪犯、新生儿以及飞行员。但是如果你所有的 Joe 都可以由上下文语境识别出来，比如说公务员，那么你可以马上做一个查询去找在军队服役的 Joe。

语境允许你精确地控制你要查询的内容，而对于业务分析师来说，这是一个必要的条件。

图 8.6 描述了在查询格式中语境的用处。

利用文本和语境进行的分析

Examine <u>text</u> where context =<u>xxxxxxxxx</u>

图 8.6　在文本数据池内应用语境

在这个例子中，查询可以这么做：找到所有 Joe 出现的位置，同时语境=军官。查询的结果就会指向人群中叫作 Joe 的军官。

8.10　对文本追根溯源

假设产生了对查询有效性和精确性的疑问，那么任何对文本的引用可以被追溯，并且能够轻易快速地找到源头。

之所以能够轻易快速地追溯到文本引用的源头，是因为在完成文本消歧之后，文档的字节数、文档名都和引用一起被保存起来了。因此，无论你什么时候对文本消歧所做的工作产生了疑问，你都可以追根溯源，去检查消歧是正确运作的。

8.11　消歧的机制

作为消歧机制的一个例子，试想一个用于识别情感的分类方法。在很多地方都可以看到情感的表达—推特（tweet）、电子邮件、文档等。判断消息中的基调（tone）通常非常有用。而判断基调的方法正是通过情感分类达成的。图 8.7 展示了可以用于识别文本情感的简单分类。

情感分类

消极情感	积极情感
厌恶	喜欢
不同意	热爱
不喜欢	全吃干净
不高兴	咯咯咯
难过	赞赏
憎恨	觉得舒适
恐惧	愉快
糟糕	感觉不错
丑陋	......
......	

图 8.7　在文本数据池中运用情感分析

现实中，情感分类所涉及的词汇，比上述例子中所展示的更多。上述例子仅仅是为了说明问题。

文本消歧技术读取初始文本，之后将分类的内容与所分析的文本内容进行比对。当有单词与分类中的单词匹配时，则会推断消息中含有某种感情的表达。通过这种方式，文本中所含有的基调就可以被分析出来。

一旦文本的基调被计量并放入数据库中，那么计算机就可以通过标准分析方法和标准可视化技术对多个消息进行分析。

8.12　分析数据库

通过创建数据库，计算机就可以执行繁重的分析任务。举个例子，假设有一个连锁餐馆的接受餐馆顾客的反馈。许多顾客每天都发送消息。

这些消息包含了广泛的主题。有些人讨论菜单：一个说太咸了，另一些说太烫了，还有一些说分量太少了。有些人讨论男女服务员：说服务员速度太慢，服务员态度不好，女服务员非常友善。有些话题讨论清洁状况：地板是湿的，桌面没有被擦过，灯光太昏暗。其他的话题你大概也能猜到：停车位、洗手间、自动售卖机，等等。

在一个月时间里，连锁餐厅从顾客处收到了超过 10 万条消息。对于任何人来说，阅读并吸收内化这些消息都是困难的，因为太多了。然而，另一方面，这些反馈对顾客的满意度来说却是至关重要的。同时顾客的满意度又是顾客忠诚度和业务复制的关键。在很大程度上，连锁餐厅顺应顾客是天经地义的。

所以连锁餐厅决定对顾客反馈采用文本消歧。在读取了每月 10 万条的信息之后，一个数据库被创建出来了。数据库之后被标准的分析软件读取，这使得它们可以持续供应标准化的服务，同时还能够给予自动化的个性化回复。

8.13　将结果可视化

生成的可视化结果如图 8.8 所示。

不同的评论可以分为以下几个类别。

- 菜单外项目：菜单上所没有的前菜；

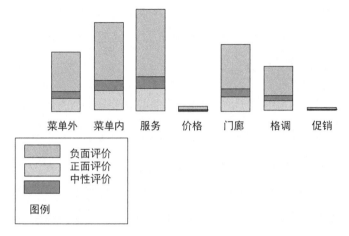

图 8.8 文本数据池的可视化反馈

● 菜单内项目：由连锁餐厅所提供的前菜；

● 服务：对男女服务员、收银员、经理等的评论；

● 价格：食品花费；

● 门廊：关于餐厅门外的外饰面，以及在餐厅的门外服务；

● 餐厅格调：餐厅的清洁程度，以及餐厅的氛围；

● 促销：餐厅都做了哪些促销活动一类的评论。

这些充满情绪的评论需要运用智慧来解读。乍一看，确实有很多负面的评论。但是经验告诉我们，人们在经历负面体验的时候更倾向于向餐厅发消息。当一个人去了餐厅有了愉快的体验，那么他很少会向餐厅提供反馈。因此，评论中所出现的 85%：15% 的负向体验与正向体验的比率是符合正常预期的。

如果一家餐厅得到了超过 85% 的负面评论，那一定是餐厅做错了很多地方。相应地，如果负面评论低于 85%，那么这家餐厅就在正确的轨道上了。

看看图 8.8 中所表达的情绪，其中展现了一些令人惊讶的结果。其中一个是，几乎没有评论是关于价格的。这个迹象告诉管理层，他们对食物的收费很可能不足。我们还可以对促销进行类似的观察。没有任何人对餐厅正在做的促销抱有任何评论。这暗示了这些促销并没有起到效果。这些评论显示了餐厅的收费不足，同时应该做更为有效的促销活动，这些信息对连锁店的管理来说是非常重要的。

8.14　小结

文本数据池是存放文本数据的地方。为了起到更好的效果，文本必须经历转换和调整过程。这里的转换和调整被称为文本消歧。

文本消歧的最终结果是在以数据库格式来创建已经被识别的语境和文本内容的文本数据。图 8.9 展示了文本数据池。

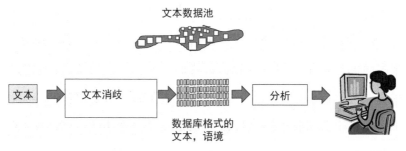

图 8.9　在文本数据池中分析文本

第 9 章

数据池间的对比

粗粗一看，不同的数据池看起来都差不多。当然，不同的数据池有很多结构上的相似之处，但它们也有一些重要且独特的结构性差异。

9.1 数据池的相似性

说到相似性，所有的数据池都具备以下这些特点：

● 通常吸收和消化很多初始数据；

● 都会将初始数据转换、调整成为适合分析的形式；

● 生成适合处理的一致的经整合的数据结构；

- 最终结果能够支持业务分析；

- 最后会将数据发送到归档数据池；

- 对初始数据都拥有相似的切入点；

- 能生成适于分析处理的数据；

- 拥有能够支持文档处理的能力以便帮助业务分析。

从结构性的角度来看，各种不同的数据池之间具有许多本质的相似点。但在所有的结构性的相似点中，也有一些重要且突出的差别。

9.2　数据池的差异性

不同的数据池的结构化差异点包括：

- 进入不同数据池的初始数据也是极为不同的，可能包含模拟信号数据、应用程序程序数据以及文本数据；

- 转换和调整过程对于每一个数据池来说也是非常不同的；

- 每个数据池最终的数据状态所产生的业务分析的类型也非常不同。

9.3　数据最终状态的关系型格式

在看待不同的数据池（pool）时产生了一个有趣的问题。数据池（pool）的最终状态（final state）一定是以数据库格式出现的吗？图 9.1 提出了这个问题。

关于以关系型格式输出作为最终状态，
有什么需要担心的吗？

分析包
统计包
可视化包

图 9.1 需要关系型格式吗

答案是否定的。除了大多数用作分析和可视化的操作是基于关系型格式数据这个事实以外，关系型格式并没有什么特别的。分析的世界已经存在了很长时间，远远比数据池的历史长。因此，分析处理会支持关系型数据模型并没有什么奇怪。

除如上理由外，并没有什么理由说明为什么数据池中最终状态的数据必须以关系型格式存在。即使某些分析工具不支持关系型格式的数据操作，也可用分析包（analytical packages）做这样的操作。

9.4 技术间差异

一个相关的问题是，是否每一个数据池的最终状态数据都要以同一种技术来处理？企业之所以愿意用同种技术来处理数据的原因，仅仅是出于支持多种平台所需要的开销考虑。

9.5 数据池中数据的总预期容量

另一个与此相关同时也很有意思的问题是，每一个数据池的预期总容量？答案是在任何给定的数据池中的总容量完全依赖于业务目标和业务的数据属性。一个行业相比于另一个行业，会有一些数据多一些，相应地会有另一部分数据少一些。

工程单位和制造业机构可能会有很多模拟信号数据。一个电话公司则会拥有很多应用程序程序数据，而一个市场调研公司则会有很多文本数据。

9.6 数据池间的数据移动

一个有意思的架构问题是，一旦最终状态的数据在一个数据池中被创建了，那么这些数据是否可以移动到另一个数据池，还是数据只能留存在同一个数据池内？

答案是，这当然在技术上是可行的，数据既可以从一个数据池移动到另一个数据池，也可以留在同一个源数据池内。但从架构层次考虑，这样的移动没什么有意义。数据池的许多价值体现在它的支持性的基础功能上（supporting infrastructure）。对于在数据池内的数据而言，数据池内的重要的基础功能类如：

● 元数据定义；

- 元过程定义；

- 数据描述信息。

把数据从一个数据池挪到另一个数据池是个问题，但更重要的问题在于，要把相应的基础数据的结构（infrastructure）也移到另一个数据池去。基于这些原因，通常把数据移出所在的数据池（origin pond）是没有意义的。图 9.2 说明了这个问题。

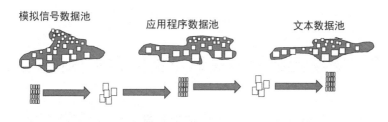

数据单元可以被移动到另一个的数据池吗？可以
数据单元应该被移动到另一个的数据池吗？不应该

图 9.2　避免把数据从一个数据池移到另一个数据池

9.7　在多个数据池进行分析

另一个有意思的架构问题在于是否有可能基于多个数据池进行分析工作。虽然这是可以做到的，但分析通常被限制在数据所在的那个数据池内进行。这个限制与数据类型与数据所要进行的分析类型有很大的关系。

如果分析确实需要多个数据池的数据，那么也没有理由不让分析在多个数据池内进行。图 9.3 展示了在多个数据池进行分析，而这样的分析是确实可行的。

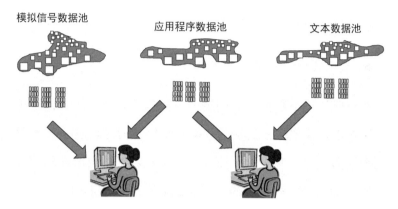

图 9.3 分析可以使用多个数据池内数据来完成吗？当然

9.8 使用元数据来关联不同数据池内的数据

如果分析数据来自一个以上的数据池，那么就需要将一个数据池内的数据与另一个数据池的数据关联。在一些情况下，这种数据关系是很不切实际的。为了帮助实现跨数据池的数据交换，有必要利用元数据基础结构（infrastructure）。

每个数据池的元数据都会描述数据池内的数据。关联多个数据池数据的基础是在元数据中率先实现这样的关系。图 9.4 展示

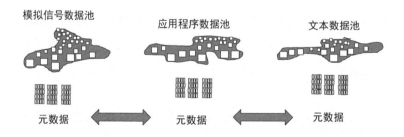

为了跨多个数据池分析，必须对数据在元数据层进行同步，才能使分析具有意义。

图 9.4 跨数据池分析需要同步元数据

了当来自不同数据池的数据相关联时，关系首先发生在元数据层。

9.9 假如⋯⋯

而另一个有意思的问题则是如果数据既不是模拟信号数据，也不是应用程序数据，更不是文本数据，那怎么把数据引入数据池？当然会有不与这三个类别严格匹配的数据进入初始数据池的可能性。那么如果发生这样的情况，对于这样的数据，该如何处理呢？

答案是不要试图将数据放置在不属于它的数据池内。这会是一个错误。至于原因，有很多。

相反，一个好主意是在初始数据池内，为这些不属于"标准"数据池的数据开辟出一块保留地。这个区域可以被称为初始数据池的杂项数据区。图 9.5 展示了初始数据池的杂项数据区。

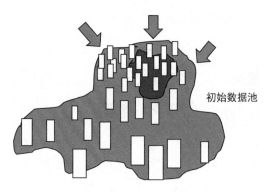

初始数据池

图 9.5　开辟杂项数据区

之后，就像数据湖中的其他数据一样，初始数据池内的杂项数据区就可以用作支持业务分析了。然而，要提醒的一点是，杂项数据中的数据必须进行调整以便支持业务分析。图 9.6 展示了必须对初始数据池的杂项数据区进行调整（转换和整合）。

图 9.6　必须对杂项数据区进行调整

9.10　小结

数据湖可以划分为几个单独的数据池。每一个数据池都有自己的数据和特性。从整体架构的角度看来，数据湖和它的数据池的细分可以见图 9.7。

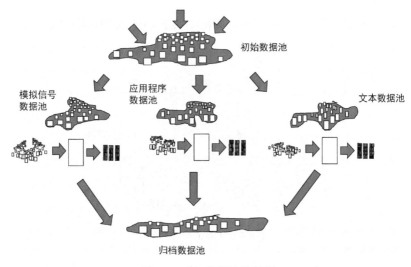

图 9.7　理解数据池的版图

每一个数据池都服务于它自有类型的数据，同时可以在数据池内执行自己独特的分析。此外，如果数据进入了数据湖，同时这些数据不属于模拟信号数据、应用程序数据以及文本数据池中的任何一种，那么这些数据就可以保留在初始数据池内的特殊数据区内。

第 10 章
利用基础架构

没有什么比例子更好地阐明一个概念。

假设一个公司有各种各样的数据。同时，这个公司还利用应用程序来管理公司的不同业务。有管理与客户之间的日常交易的在线系统。有处理数据分析的数据仓库，还有从数据仓库获取数据，并周期性计算关键性能指标（KPI）的数据集市。

然而，公司也有除此以外的许多其他数据。有竞争者数据、工程数据、财务数据、邮件、经济数据、推文（tweets）、合同、呼叫中心数据以及一整个主机的其他类型数据。

很自然地，公司开始将它许多的数据置入数据湖中。

一段时间以后，在数据湖中存储的数据开始变得繁多。管理层疑问为什么一直往数据湖中放入数据,却不见有什么分析结果产生出来。或者,即便有一些分析结果,但为什么这么缓慢而昂贵?

机构开始清醒地认识到他们创建了一个"单向的"数据湖,相比于一份资产,更像是一个累赘。"单向"数据湖就是无法以有意义的方式支持业务决策制定。

10.1 "单向"数据湖

图 10.1 描绘了由本意良好的大数据开发者和数据科学家所建造的"单向"数据湖。

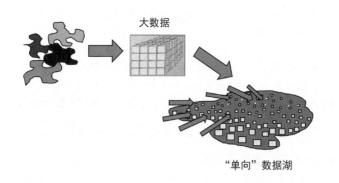

图 10.1 避免"单向"数据湖

一天,一位经理阅读了一本描述如何把数据湖变成公司良性资产的书。他理解了"单向"数据湖的问题,同时也决定要建立一个可以真正支持公司决策的有架构规划的数据湖/数据池环境。

10.2   改造数据湖

经理聘用了一个顾问公司，并且很快大家就忙着将"单向"数据湖改造成有架构规划和数据池的数据湖。图 10.2 展示了脱胎于"单向"数据湖的数据湖/数据池架构。

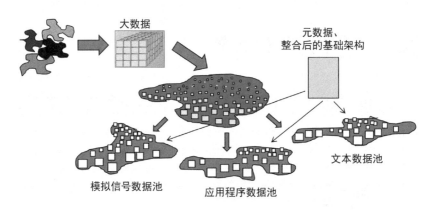

图 10.2   把"单向"数据湖改造成具有架构规划的数据湖

新构架的数据湖拥有三个主要的数据池，即模拟信号数据池、应用程序数据池以及文本数据池。此外，还有少量的数据储存在初始数据池的杂项数据区中。

10.3   转换技术

为了在每个数据池中转换和调整数据，顾问公司也带来了三种截然不同的技术。对模拟信号数据池，他们使用了可以做数据

缩减和数据压缩的技术。对于应用程序数据池，顾问公司带来了
ETL 技术。而对于文本数据池，他们部署了文本消歧软件。此外，
顾问公司还引入了可以管理数据湖中数据描述、元过程信息以及
元数据的技术。很快，"单向"数据湖就被改造成对公司有用的工
具了。

转换过程除了需要部署以外，还需要投资和时间。同样，目
标是一个可真正用于分析的架构（infrastructure）。这才是对公司
来说价值极高的资产。

10.4　一些分析问题

作为一个值得投资部署，并具有架构特征的数据湖的例子，
试想一些简单的分析问题。假设公司想要找到上季度的收入。现
在公司查看了一个未经改造的数据湖环境。湖中拥有以分别以澳
元、墨西哥比索、加拿大元以及美元为单位的交易记录。

当然，找到金融交易记录并不是难事，但是将交易的货币金
额转为通用的金额是一个混乱和繁琐的过程。不用说，分析师在
做这些操作时心里肯定是不情愿的。而当管理者说我要答案的时
候，管理者实际说的是，我现在就要答案。自然，他们不愿意等
待复杂的计算和繁杂的分析。

计算利率是一回事，但计算在过去某一个时间的利率又是另
一回事。这些转换计算工作不仅混乱，而且难于精准。图 10.3 展

示了管理层在查询数据湖后所能得到的结果。

公司上季度收入多少？

$12 000 澳元
$1 208 678比索
$298 000 加拿大元
$1 765 208 美元

$2 972 087 美元

图 10.3   查询数据湖

但当管理者去查询具备架构特征，并且经过数据整合的数据湖/数据池环境的时候，会得到什么呢？由于数据被整合成了连贯、准确的数字，管理者能够很快地得到令人信服的答案。

毫无疑问，建立整合化的数据池需要工作与投资。但这些投入可以由分析产生几倍的回报，而这些分析恰恰就是由经历过架构规划的数据所产生的。

技术世界曾花费了数以百万的金钱去制造错的产品，却没有花费一分钱建造对的产品。这个短视的态度对客户产生的恶果更甚于对服务提供商所产生的。

现在假设管理者有其他的问题需要通过未经改造的数据湖来解决。管理者希望知道有多少女员工接受过 SAT 考试。

当管理者查看了未经改造的数据湖，他们会发现每一个应

用的性别编码都是由设计者自行定义的，而且各不相同。一个
应用程序会用将女性定义为 0，而另一个则将女性编码为 F，
还有将女性编码为 X 的，等等。

当应用程序被开发时，每个开发者都有他们自己的性别编码
方式。找数据是一回事，而准确解释这些编码就是另一个课题了。
再一次，管理者想要答案，他们不想听关于算法和计算的大量解
释。但由于数据并未被业务整合，管理者无法得到他们想要的答
案。图 10.4 展示了访问，并分析未经整合的数据是一件吃力不讨
好的事情。

有多少女员工接受过SAT考试？

12 x（女员工 = x）
24 f（女员工=f）
3 w（女员工=w）
35 female（女员工 = 女性员工）
5 0（女员工 = 0）

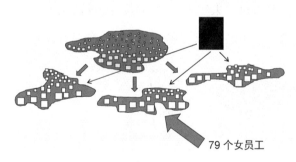

79 个女员工

图 10.4　基于未经整合的数据查询，是一件十分具有挑战性的事务

然而，若干管理者访问并分析了经历过架构规划，数据整合
之后的数据湖/数据池环境，那么就很容易定位答案了。除了能够
快速取得结果，管理者还可以对数据的精确性充满信心，同时也
不需要在图示周围标注上一连串的解释。

10.5　查询文本数据

现在让我们来思考另一种类型的数据——文本数据。管理者希望知道 Bill Inmon 写过多少本书。

管理者向数据湖发送了一个自然语言处理（Natural Language Processing）查询。当 NLP 检索到名字"Bill"时，它就会做一个标记记录。很快，所有含有"bill"的单词都出现了。有鸟喙（bird bills），广告版（billboard），还有澳大利亚的冲浪装备品牌 Billabong，作家 Bill Bryson，国会法案（Bills），钞票俚语 Bill，旅馆账单（Hotel Bill）。以及，顺着这个单子一直往后，有一些 Bill Inmon 的参考书目。

对基于初始文本进行未经语境化（un-contextualized）的查询非常混乱，而且低效。图 10.5 展示了在未经改造的数据内查询的混乱。

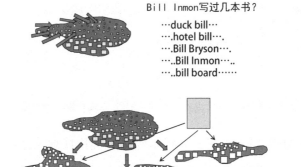

图 10.5　未经改造的数据湖所呈现的混乱结果

但当管理者看到文本数据池中的语境化数据时他们会看到 Bill Inmon 是 55 本书的作者。再一次，由消歧过的文本数据池所进行的整合和转换工作在分析速度和结果可信度上都给予了回报。

10.6 真实的分析

这里所讨论的查询和分析相比于很多机构所做的真正的分析性查询来说是微不足道的。但这些零碎查询的价值在于指出分析中所出现的问题。

我们试图使用未经改造的数据湖来分析数据，被证明是混乱和复杂的。为了获取一个有意义的数据分析结果，需要经历巨大的努力。同时，管理者并不喜欢冗长复杂的代价。图 10.6 展示了

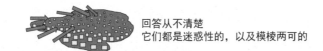

回答从不清楚
它们都是迷惑性的，以及模棱两可的

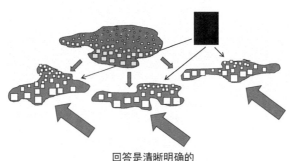

回答是清晰明确的
数据是一致而清楚的

图 10.6 选择清晰性和完整性，而非模糊性

使用未经改造的数据湖作为分析的基础，所得到的复杂与乏味的结果。难怪未经改造的数据湖成为了通往垃圾场的不归路。

虽然需要花费时间和精力来读取、分析、整合，以及调整数据池中的数据。但这一努力可以将数据湖变成资产，而不再是负累。

10.7　小结

如果你对将数据湖改造成对企业有用的资产报以严肃的态度，那么你必须付出努力和成本来转换初始数据。数据池首先会在高层（high level）将数据划分为通用的数据类型，而在经过了转换/调整阶段后，数据就会展现出对公司业务分析的价值。

若是放弃建造数据湖/数据池环境，那么无外乎是建造了一个公司的负累而不是资产。一开始就走在正确的轨道上所付出的代价要小得多。

第 11 章

搜索与分析

围绕着分析以及分析的含义，出现了许多具有迷惑性的宣传。搅乱市场的正是供应商们。供应商一直试图去兜售他们的解决方案，好像方案是唯一的出路一样。他们不喜欢架构，因为他们将架构视为对销售的阻碍。事实上，供应商除了卖东西以外不关心其他任何事情。这也致使供应商养成了忽悠客户和市场的坏习惯。

为了在不受供应商的影响下听取一些关于什么是分析和分析方法（analytics）的讨论，可以试想以下这种情形。一个企业有一个简单的愿望，他们想找到在 zzzzzzzz 范围内，有多少个 xxxxxxx 被 yyyyyyyy 使用了。图 11.1 描绘了这样一种典型的分析问题。

图 11.1   回答典型的分析问题

当你着手去分析这个问题的时候，你会看到两个元素：

● 发现能被用来回答问题的**数据；**

● 一旦发现数据之后所作的**分析。**

图 11.2 展示了分析/分析学的这两个元素。

> 在zzzzzzzz范围内，yyyyyyyy使用了
> 多少个xxxxxxx？

对于分析性问题来说，有2个主要的
元素：

● 找到数据
● 分析数据

图 11.2   理解问题分析的两个元素

　　如果查询数据的标准是很直观的，并且数据被索引过，那么查找这样的数据就是一件不值一提的小事。但其中还是有可能发生一些复杂的问题的。假设搜索是为了寻找一些被隐藏或是经过伪装的东西，比如，加密数据。或者数据仅有非常模糊的标记，比如说一个为了不可告人的目的而创建的虚构账户。隐藏数据的方法有很多，而寻找这些例子中的数据就不那么容易了。

另一种隐藏数据的方法是将数据藏匿在大量千人一面的数据点之后。假设你想要在美国找一个特定的人，而你仅仅知道他是男的。那么你将不得不去寻找在美国的每一个男人，看看他是不是你感兴趣的那个人。不过，这样的搜寻既不会轻松，也不会高效。

一旦数据被找到，那么就需要分析数据。分析也可能很复杂。如果数据分析的全部工作仅意味着显示出所选的数据元素，那么分析是简单的。但数据分析有时候包含了许多复杂的算法和复杂的计算。在任何情况下，数据分析都有非常不同的两面性。图 11.3 展示了分析的这些两面性。

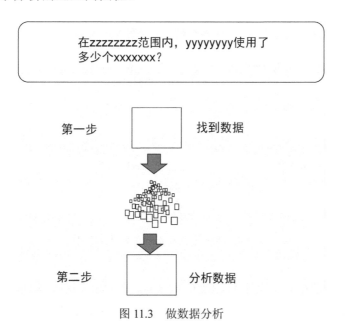

在zzzzzzzz范围内，yyyyyyyy使用了多少个xxxxxxx？

第一步　　找到数据

第二步　　分析数据

图 11.3　做数据分析

有专门针对这两方面分析的技术。第一种被称为机器学习和概念检索。机器学习和概念检索就是专门用来寻找那些搜索标准模糊的数据。

数据分析还具有摘要和可视化技术。分析技术不仅是被分为了两个完全不同的方面，另外还有很多类型不同的搜索技术。一类搜索技术的目标是去寻找有限数量的数据集。比如可以寻找 Bill Inmon 的最后一次体检记录，因为在任何时候，只会有这样一份记录。

或者是针对大数据集合的搜索。比如寻找全体人口的体检记录就是这样一个典型的例子。对一个州、一座城市来说，有浩如烟海的人群体检记录。例如，图 11.4 展示了搜索技术的不同类型。

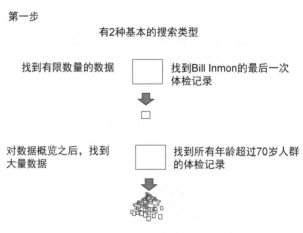

图 11.4　理解搜索技术的 2 种基本类型

凡是有关于数据搜索的主题都是非常复杂的。当涉及数据查找的时候，在未经改造的数据湖是难于找到任何数据的。这是因为未改造的数据湖中的数据都是以欠整合状态存在的。而欠整合数据的存在给在数据湖中搜索数据又增添了难度。在欠整合数据湖中搜索数据的标准本来就非常模糊，而浑浊的数据湖又给搜索体验蒙上了一层阴影。

但是一旦数据湖经过整合，数据池经历了调整，那么搜索将变得容易而且直接。图 11.5 展示了在数据湖与经过整合的数据湖之间搜索数据的差异。

查找数据

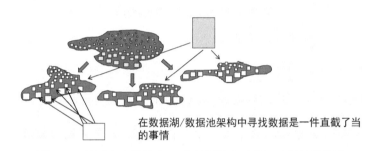

在"单向湖"中寻找任何东西都近乎不可能

在数据湖/数据池架构中寻找数据是一件直截了当的事情

图 11.5　数据湖内做搜索 vs.在数据池内寻找经过调整的数据

事实上，在数据湖内尝试找到正确的数据非常难是有很多原因的：

● 有大量的数据被"隐藏"了，或是在千人一面的数据面前"消失"了；

● 一旦你找到了一些东西，你并不能确定这是不是你要找的内容；

● 寻找数据的标准非常不清晰；

● 即使数据被找到了，在使用前仍然需要转换；

● 数据质量没法保证。

而数据池内的数据一旦经历了调整就很容易访问和分析。图 11.6 展示了数据池内的数据适于分析的原因。

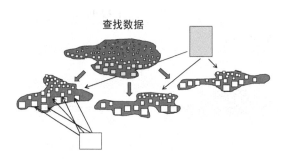

查找数据

在数据湖/数据池内查找数据容易是因为：
● 数据经历了整合
● 数据经历了筛选
● 数据经历了转化
● 数据经过了规划
● 数据经历了校订

图 11.6　因为一些原因，在数据湖中寻找数据变得容易了

数据被找到之后，就进入了分析阶段。数据分析软件和技术存在了很长时间，所以一旦数据被找到之后，分析的方式有很多。图 11.7 展示了搜索之后的数据分析。

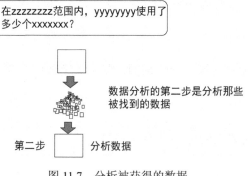

在zzzzzzzz范围内，yyyyyyyy使用了
多少个xxxxxxx？

数据分析的第二步是分析那些
被找到的数据

第二步　　　分析数据

图 11.7　分析被获得的数据

数据的分析有多种形式，其中一些形式包括：

- 仅对数据进行排序。有时候，当其他方法不能奏效时，数据排序能够让重要数据浮出水面。

- 数据摘要。在一些情况下，通过数据的摘要能够发现那些容易被忽视和略过的数据。

- 数据比较。查看数据，并与其他数据集相对比，经常能够产生启发。

- 异常分析。找到那些异常值和例外，也经常能引导洞察。

也许对于分析来说，最有力的形式要数通过图表和图示来研究数据的可视化方法了。图 11.8 为数据分析之后的可视化展示，通过建立合适的可视化形式来描绘大量数据，可以让重要的结论立刻显而易见，这就使得可视化变得非常流行。

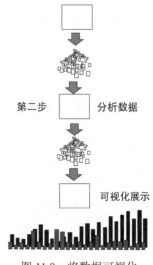

图 11.8　将数据可视化

11.1 供应商所散布的困惑

那么，当谈到分析和分析方法的时候，供应商是如何忽悠市场的呢？

- 供应商将其产品包装为最终的解决方案，但其产品其实只是方案中的一个局部。

- 供应商憎恨架构规划，因为它延长了销售周期。

- 供应商对数据所作的假设是根本不切合实际的。

- 供应商将分析与搜索混为一谈。

- 供应商不认可他们仅仅是解决方案的一环。

这些仅是我们通常能看到的，而供应商还有其他很多方法来扰乱市场，而散播困惑的种子恰恰符合供应商的最大利益。

11.2 小结

分析有两个方面——数据搜索，以及搜索完成后所作的数据分析。如果数据分析是基于数据湖/数据池架构中经过转换的数据，那么数据搜索就会变得轻松和准确。

第 12 章

数据池中的业务价值

当一天结束，如果数据湖和数据池不能提供业务价值，那么它们就不会得到企业长久的支持了。有趣的是，不同的数据池确实有提供业务价值的潜力。而不同的数据池所提供的价值以及提供价值的方式也不尽相同。

12.1 模拟信号数据池中的业务价值

模拟信号数据池能够通过以下两种方式中的任意一种方式提供业务价值。它可以是获得一部分记录，或者是通过概览许多数据而得到的数据规律（data pattern）。

试想一个生产汽车安全气囊的制造商。如果一个安全气囊发

生故障，那就会有非常严重的后果。假设一个事故是由于安全气
囊没有打开而发生的。事故调查员找到了生产安全气囊的厂商。
之后，调查员能够确定安全气囊是在 1995 年 3 月，亚利桑那州的
凤凰城生产的。制造商这时就可以回溯他们的模拟信号数据，找
到 1995 年 3 月和 4 月生产的所有安全气囊，并向拥有这些安全气
囊的车主报警，提示他们去检查车内的安全气囊，这样就可以避
免发生潜在的恶性后果。在这个案例里，通过检查模拟信号数据
可以找到存在潜在威胁的数据记录。

　　模拟信号数据的另一个业务价值在于短时间内综览大量数
据。例如有一天，管理层希望重新考虑一下安全气囊的生产方式，
因为有一种更为安全有效地触发安全气囊的新技术诞生了。为了
确定有多少安全气囊还在使用旧有的启动机制，管理层这时就能
够查看大量的模拟信号数据。图 12.1 展示了使用模拟信号数据的
2 种业务价值。

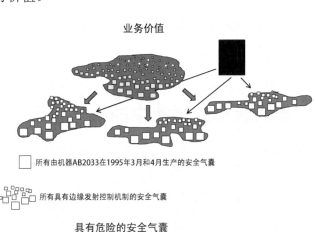

图 12.1　受益于模拟信号数据

举一个查找那些具有价值的记录的例子，试想一个存有通话记录详单的记录库，一天政府想要查找恐怖分子的通话记录。现实情况是，这可能会涉及数以百万计浩渺无边的通话详单，然而，其中恐怖分子的通话记录犹如沧海一粟。防止恐怖袭击和辨认恐怖分子的价值不言自明。在这个案例中，寻找少数恐怖分子的希望就寄托在查询许多许多的记录上。

而综览数据就是另一个完全不同的故事了。不同于从大量的数据中摘选几个数据点，分析师综览数据是从许多数据中查看数据的规律。举一个查看数据规律的例子，分析师可能会发现某些设备在月末的时候开始出现故障或工作的方式不太准确。进一步调查后发现，设备的维护是在每月初。到了月底就需要对机器进行校准和清洁。数据的重要规律不仅是通过整理数据，也需要结合记录本身的元过程信息来检测。图 12.2 展示了可以通过模拟信号数据池得到多种形式的业务价值。

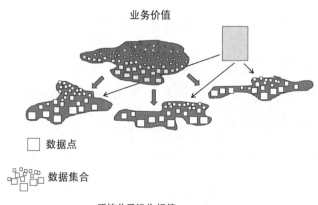

图 12.2　来自模拟信号数据池的业务价值类型

12.2 应用程序数据池中的业务价值

从应用程序数据池中寻找业务价值就是一个不同的议题了。寻找特定的收据，或是确定 1999 年的平均货运成本就是一些寻找业务价值的典型案例。

假设机构正要进行审计，他们正在翻看上一年的文档。对于审计员来说，文档就是项目花费的证明。业务系统只能往前回溯 3 年，而审计则需要往回看 5 年。机构可以通过查询应用程序数据池来查找收据。在这个案例里，为了寻找一个收据需要翻查多个文档。在另一个案例里，管理层觉得货运成本爬升得太快了。为了在时间尺度上查看成本变化情况，管理层需要追溯到 1999 年的记录以便计算成本。他们发现这些货运成本记录在应用程序数据池里。为了确定每年的货运成本，必须调用大量的文档记录来进行计算。图 12.3 展示了可以从应用程序数据池中发现的业务价值类型。

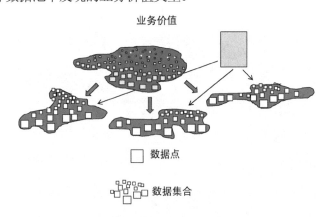

9月13日的收据，1999年的平均货运成本

图 12.3 从应用程序数据池中得到的业务价值类型

12.3　文本数据池中的业务价值

而第 3 种业务类型则可以通过文本数据池得到。假设订单的价格已经确定了，但是，仅有的确认文档是纸质书面形式的。为了找到这份文档，机构可以搜索整个文本数据池。

而另一种由文本数据池的到的业务价值是确定顾客情绪。顾客情绪有许多种渠道的表达：通过推特（tweet）、邮件以及其他形式的表述。

企业可以在文本数据池中阅读和存储这些文档，而后可以将文档进行文本消歧，并创建数据库，这样可以更容易地确定顾客情绪。

通过查询许多文档，阅读并对文档内容消歧，将结果放在数据库内执行分析，来测评顾客情绪。了解顾客情绪对于业务来说是极具价值的。图 12.4 描绘了可以从文本数据池获得的业务价值。

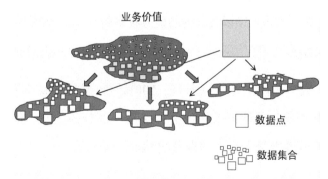

图 12.4　从文本数据池中得到的业务价值类型

12.4 记录中的业务价值比例

看待数据池所提供的业务价值的另一个有意思的角度是通过记录所含的业务价值百分比。

一部分数据点所具有的业务价值的比例会高一些。另一些数据所含有的价值则会低一些。还是考虑一个通话的案例。

在美国,每一天都有数百万通电话被拨出或接听。如果一个人想要寻找到由恐怖分子所拨打的电话,可以肯定地说,只有一小部分相关的数据。事实上,在任何一天内,恐怖分子也有可能并没有拨打任何电话。当你在总呼叫数中查找由恐怖分子所拨打的电话,比例会是非常低的。说不定这个比例会低至 0.000 000 1%。而同样的,在日志带库,点击流记录以及大量其他数据中,具备业务价值的数据占比也是非常低的。

现在想想其他类型的数据,比如文本数据。文本数据从诸如呼叫中心的对话、顾客反馈以及其他的地方收集而来。每一个通话记录都代表了顾客所关注的信息。每一个通话的内容都具有真正的业务价值。

对于大多数的文本数据而言,100%的数据具有商业价值。诚然,其中一部分通话记录的价值会比另一部分高一些。但每一个通话记录里多少都会有一些业务价值。

这样,在数据池中,就可以看到记录之间所具有业务价值比例的不同。图 12.5 描绘了这些价值的差异。

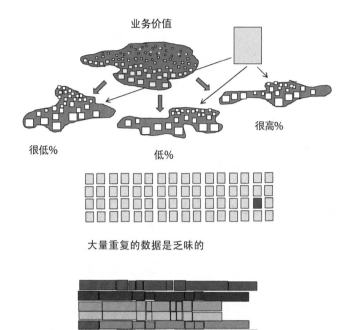

业务价值

很低%

低%

很高%

大量重复的数据是乏味的

任何非重复的记录都是有趣的，尽管或多
或少有些差别，但都具有业务价值

图 12.5 理解各种类型数据池中的数据价值

12.5 小结

数据池中具有 2 种类型的业务价值。尽管多数的数据价值体现在少量的数据记录里，但对大量的低价值数据进行概览，也能找到高价值的数据。

通常，重复性数据中所具有的业务价值比例是很低的，而非重复性数据所具有的业务价值就相应地很高。

第 13 章
一些额外话题

任何计算机系统都会包含文档。对于数据湖/数据池环境来说，文档尤其重要。脱离了文档，分析师试图使用数据湖/数据池环境的计划就不会成功。文档对于数据湖/数据池环境来说是必不可少的。

13.1 高层系统级别文档

对于数据湖/数据池环境来说至少有两个级别的文档是必要的。其中关键的一个级别是高系统层级（high system level）。在高系统层级中有关于以下内容的文档：

- 数据是如何进入数据湖/或数据池的；

- 数据是如何从一个数据池流入另一个数据池的；

- 数据是如何流入归档数据池的。

数据湖/数据池环境里，数据池的高系统层级的文档会向业务分析师展示数据的大体流动。

13.2　详细的数据池级别文档

第二个级别的必要文档是详细的数据池级别文档。在这个级别中所需的文档类型包括：

- 数据池中数据的元数据信息；

- 有关于数据池活动中的元过程信息；

- 转换文档（transformation documentation）；

- 数据池中数据流动（flow of data）的架构描述；

- 数据选入数据池的标准；

- 数据离开数据池的标准。

一旦业务分析师找到他的数据的去处，那么他们就会用到如何准确访问并操作数据的详细文档。低层级文档提供了这些详细信息。

13.3　什么样的数据会流入数据湖/数据池

你能在图 13.1 中找到你熟悉的企业信息工厂（Corporate Information Factory），并在其中找到应用/业务系统、数据仓库和数据集市以及其他数据结构。但是企业还是存有一些无法在企业信息工厂中找到的其他数据，以及外部数据。其中包括模拟信号数据，包括安全数据、文本型数据以及诸如此类的数据。

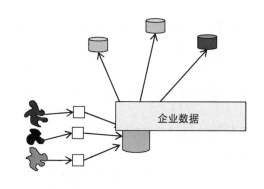

图 13.1　扩展企业信息工厂

图 13.2 则展示了进入数据池/数据池环境的两种数据源。

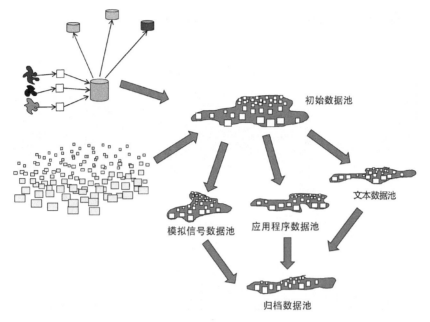

图 13.2　关注于数据的关系

13.4　分析在何处发生

我们能从图 13.2 中看到一个有趣的问题：在哪里进行不同类型的分析？机构和组织进行着各种分析。其中一些是实时在线的，另一些是企业的历史数据，还有一些分析是 KPI 分析或是文本信息分析。

因此，我们可以发出一个具有建设性的疑问：不同类型的分析都发生在哪里？图 13.3 展示了在线实时分析是在应用程序中发生的。诸如银行交易、航班预定、生产控制信息、货运记录，以及类似的分析都发生在这里。在线和实时的活动只发生几秒，通常只会访问少量数据。更新和插入处理大多都发生在这里。

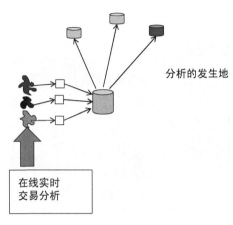

图 13.3 实时地在线分析

企业数据的分析发生地点是数据仓库，如图 13.4 所示，来自不同应用程序的数据被整合到数据仓库中。通常，3 年至 5 年的历史数据会被储存在这里。而在此发生分析的执行时间则会从 5 分钟到 24 小时不等。为了将数据导入数据仓库，数据会经历 ETL（提取/转换/装载）处理。由于数据从应用程序传递到数据仓库的过程中会经历 ETL，数据因而从应用程序数据状态被转换为企业数据状态。

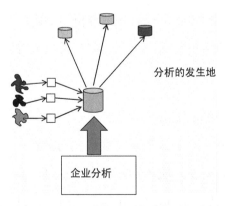

图 13.4 从数据仓库中采集数据进行分析

围绕着数据仓库的是数据集市。数据集市是 KPI 分析发生的地方，通常是以部门为单位的。市场、销售、财务，以及其他部门都有各自的 KPI。图 13.5 描绘了在企业信息工厂中的数据集市处理和分析。

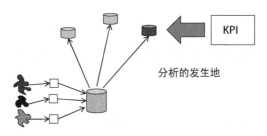

图 13.5　从公司数据工厂采集数据进行分析

还有各种其他的分析是发生在企业信息工厂之外的。这种情况多见于对细节要求高，并且随取随用（immediate）的处理。如仪表读数、制造设备控制以及电子眼对经过控制点的车辆读数。图 13.6 展示了在公司信息工厂之外发生的分析和处理类型。

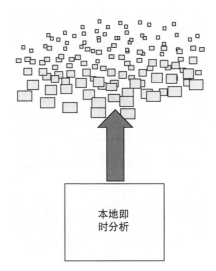

图 13.6　分析和处理在企业信息工厂之外的数据

最后，还有发生在数据湖/数据池环境的分析处理。其中，最常见的分析处理形式是规律发现（pattern discovery）和深度历史分析（deep historical analysis）。

在文本数据池中也会发生情绪分析（sentiment analysis）。图 13.7 展示了在数据湖/数据池环境中发生的分析处理。

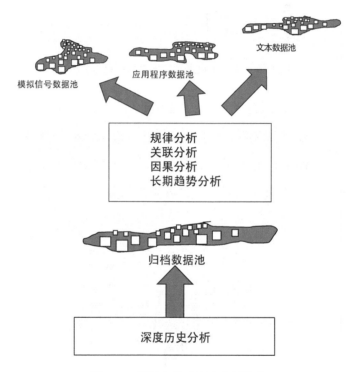

图 13.7　通过各种手段来分析数据

因此，在企业的信息版图中发生着各种类型的分析活动。在一处发生的分析与在另一处发生的分析通常是截然不同的。

13.5 数据的年龄

另一个有意思的问题是，在数据湖/数据池环境中数据的年龄是多少？答案是，任何年龄的数据都可以在数据湖/数据池中找到。

通常，几秒前新生的数据会在业务数据中发现。1 年到 5 年的数据会在数据仓库/数据集市环境中发现。而在数据湖/数据池环境中，你能找到各种年龄的数据。

数据湖是初始数据（original data）的长期载体。

有时，保存数据的原因仅仅是因为保存数据比再重新生成数据便宜。理论上，如果数据一开始是因为足够重要所以被捕获，那么数据就具有足够的重要性，从而不必再重新生成一份了。尽管在可预见的将来这个数据可能没有用武之地了，但是不管怎样，还是要把数据保留下来。

另一个需要长时间保留数据的原因是法规要求。为了符合法律的强制性要求，有一些数据必须永久保存。将需要保存的数据放在数据湖/数据池环境中是一个好主意。

13.6 数据的安全

就像数据处理的其他环节一样，数据湖/数据池环境中的数据需要安全。然而，对于数据湖/数据池环境的安全性考量，在一定程度上要小于在其他数据处理环境中的对安全性的考量。这是由数据的时效性（timeline）所导致的。存放在数据湖/数据池环境中的数据，很可能比其他数据处理环境中的数据的存放时间更长。

13.7　小结

文档是数据湖/数据池环境的重要组成部分。有两个级别的文档是必要的：高层级系统文档和低层级文档。

数据从两个基本的源头流入数据湖/数据池，即企业信息工厂和其他数据源。

不同类型的分析发生在不同的地点。在线分析发生在在线业务系统中。企业数据分析发生在数据仓库中。KPI 分析发生在数据集市中。对于在其他地方发现的杂项数据，则进行有限程度的即时分析（limited immediate analysis）。

数据湖/数据池支持不同类型的分析。

在数据湖/数据池环境中的数据会被长久保存。

数据湖/数据池环境需要安全，但不如在其他数据处理环境中那么严格。

第 14 章
分析与整合工具

有许多工具在支持着数据湖/数据池环境。每一个都提供了数据湖/数据池环境所需的不同功能。本章会提到最出名的几个工具。

14.1 可视化

可视化是一种获取数据（通常以关系型格式）、整理数据，并展示数据的技术。通过将数据库中的数据细节导出成可视化形式，企业可以立刻看到用其他方式很难发现的规律与趋势。可视化对于非技术岗位的管理者非常有用。

在许多情况下，管理层并不能即刻理解数据所表达的问题，除非将之可视化。

可视化技术能够以多种方式组织数据。可视化可以创建帕累托图（Pareto Charts）、饼图、散点图，以及其他的可视化形式。

为了产生成效，可视化操作的数据需要先准备成数据库格式。大多数可视化技术都会要求将其所操作的数据保存在关系型数据库格式中。图 14.1 展示了一些可视化技术。

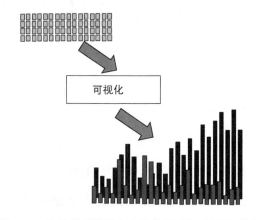

图 14.1　从关系型数据库中将数据采集后进行可视化

14.2　搜索与修正

另一个有用，但较为复杂的技术是搜索和修正技术。一些搜索技术非常简单，而另一些则会非常复杂。搜索和修正技术可以对尚未优化的数据做复杂搜索，比如基于文本数据。

搜索技术的一种复杂形式是机器学习和概念搜索技术。在机器学习和概念搜索技术中，文本型文档可以被读取和修正。文本的修正（qualification）会以极为复杂的方式完成。

假设公司有一个名为"rawhide"（生牛皮）的银行账号。搜索和修正技术在搜索文本的时候会把"rawhide"单词挑选出来，因为每当提及"rawhide"时，周围没有出现与皮具有关的词汇。同时也没有提到马鞍，或者缰绳，乃至墨西哥套绳，或其他任何你能想到的，与真正的"生牛皮"有关的词汇。相反，这里的"rawhide"指的是一个非常特别的意思。图14.2展示了搜索和修正技术。

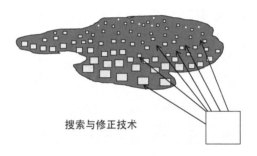

搜索与修正技术

图14.2 搜索与修正技术

14.3 文本消歧

文本数据池中最有用的技术就是文本消歧。在文本消歧技术中，初始文本的内容会被读取并被转换为标准数据库格式。此外，文本的语境会被识别出来，并一起写入数据库格式。文本消歧可以处理复杂的语言问题。对于那些在做严肃的文本分析的机构而言，文本消歧是绝对有必要的。图14.3展示了文本消歧的作用。

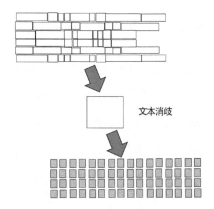

图 14.3 应用文本消歧

14.4 统计分析

在大量数据读取以及复杂的数据处理中，统计分析是另一项非常有用的技术。

统计分析不仅包括了对数值的分析性计算，同时也会将数据以便于理解的图形化方式展现出来。图 14.4 描述了统计分析。

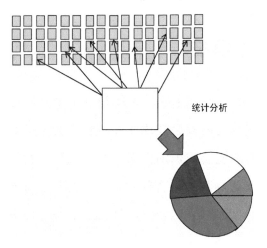

图 14.4 应用统计分析

14.5 经典的 ETL 处理

经典的 ETL 处理会在读取和整合应用程序数据方面找到用武之地。ETL 处理技术会读取基于应用程序的数据，并将之转换为整合化的企业数据。图 14.5 展示了经典 ETL 技术。

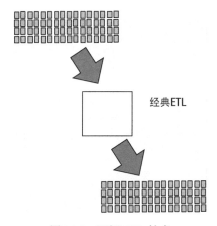

经典ETL

图 14.5 理解 ETL 技术

14.6 小结

有几种对建立数据湖/数据池环境有益的技术。部分罗列如下：

● 可视化；

- 搜索与修正；

- 文本消歧；

- 统计分析；

- 经典 ETL。

第15章

归档数据池

归档数据池是数据湖/数据池环境架构的一个基本的组成部分。归档数据池的数据源于模拟信号数据池、应用程序数据池以及文本数据池。图 15.1 展示了归档数据池。

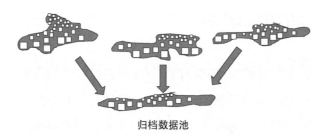

归档数据池

图 15.1　理解归档数据池

归档数据池用来保存那些生命周期步入尾声的数据。设立这个数据池的目的是:

● 找一个地方来保存未来可能会用到的数据;

● 允许从数据池中移除那些用处不大的数据,以便能以更有效的方式在这些数据池中进行分析。

15.1 数据的移除标准

从模拟信号数据、应用程序数据、文本数据池中移除有几个标准。其中一些关键的标准是:

● 老化的数据;

● 低使用概率的数据;

● 由于法规要求而强行保留的数据;

● 由于数据具有关键性价值而被保留,无关于使用概率。

15.2 结构性改动

当数据从数据池移动到归档数据池重构时,数据会发生结构性改动。归档数据池中数据的元数据以及元过程信息会被直接关联到初始数据上。这个关联保证了分析师在未来调取数据时,元数据和元过程信息不会丢失。图 15.2 展示了当数据移入归档数据池时所发生的重构(restructuring)。

一旦数据被置入了归档数据池,那么最好单独对数据做索引,这样分析师在未来可以更高效地找到数据。

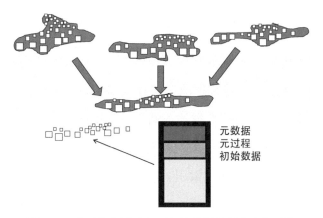

元数据
元过程
初始数据

图 15.2 由于数据被移入了归档数据池所发生的重构

15.3 为归档数据池建立单独的索引

图 15.3 展示了为归档数据池的数据建立索引。

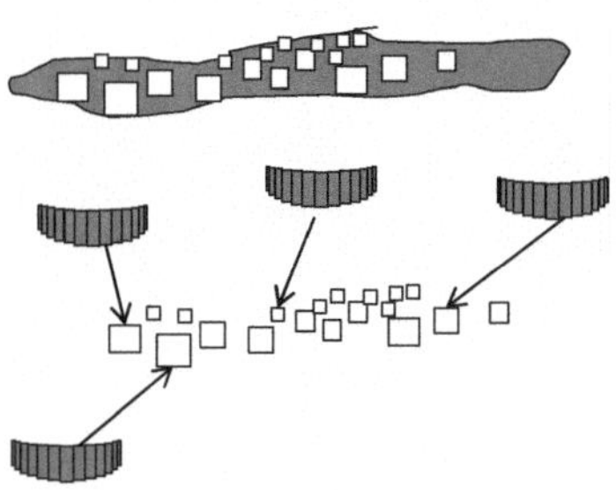

归档数据

创建归档索引

图 15.3 在归档数据池中创建数据索引

15.4 小结

当数据池中的数据的使用率很低时，归档数据池会从这些数据池中收取数据。归档数据池在保存数据的时长上并没有明确规定。当数据进入了归档数据池，就会发生重构，这是为了将数据的元数据和元过程信息直接关联到数据的实体上。有时，归档数据池会单独地为数据建立索引。

术语表

4GL：第四代编程语言，一种为使用便利而优化过的计算机语言。

缩写分辨（Acronym resolution）：将缩写扩展为它们本身词义的过程。

替代拼写（Alternate spelling）：另一种表达单词的模式。

备用存储（Alternate storage）：除磁盘存储之外的，用于保存大量数据的存储设备。

模拟信号（Analog）：一种由感应设备和信号所驱动的计算类型，与数字化计算相对应。

模拟信号数据池（Analog data pond）：放置和处理模拟信号数据的数据池。

应用程序（Application）：专门处理具体的业务功能的计算系统。

应用程序数据池（Application data pond）：在经过架构规划和业务整合后的数据湖中，用来存放和处理应用程序数据的数据池。

归档数据库（Archival database）：包含历史性信息的数据集合。

归档处理（Archival processing）：围绕较旧，或是非活动数据的相关操作。

归档数据池（Archival data pool）：在经过架构规划和业务整合的数据湖环境中，用来存放那些不太可能会被访问的数据的组件。

大数据（Big Data）：在廉价存储中所储存的大量数据。

业务流程（Business process）：价值链的同义词，用于区分活动的“价值链”与“功能性的流程或功能性的活动”的术语。

业务规则（Business rule）：表示管理业务活动，或业务决策的规定，指南或条件的声明。

CIF：企业信息工厂，以数据仓库为中心的架构体系，包含运营数据源、ETL、ODS（运营数据储存区）和数据集市。

调整（Conditioning）：数据池中的数据所经历的转换过程。

约束（Constraint）：对业务操作，或决策设置限制的一种业务规则。

语境化（Contextualization）：识别单词的上下文语境的过程。

数据库（Database）：围绕某些主题所构成的结构化数据集合。

数据湖（Data lake）：储存大数据的地方。

数据池（Data pond）：在经历过架构规划以及业务整合的数据湖中的一个下层区域。

数据科学家（Data Scientist）：专门研究数据规律的人。

DBMS：数据库管理系统，管理磁盘上的数据存储与访问的系统软件。

文档（Document）：文本数据的基本单位。

大分水岭（Great divide）：大数据在重复数据和非重复数据之间的分界。

Hadoop：旨在容纳大数据的技术，用于管理数据的框架。

同形异意词（Homograph）：一个单词或短语的解释取决于最初书写这个单词或短语的人。

同形异义词的识别（Homographic resolution）：基于发出文本的人的身份来对数据进行语境化的处理过程。

内在语境（Inline contextualization）：通过建立起始符和结束符

来推断上下文的技术。

日志磁带（Log tape）：系统内发生的活动的顺序记录。有时称为"日志"磁带。日志磁带的主要目的是备份和恢复系统。

逻辑数据模型（Logical data model）：基于关系推断的数据模型。

元数据（Metadata）：元数据的经典定义为"关于数据的数据"。

非重复数据（Non-repetitive）：没有可预测的规律或结构的数据。典型的非重复记录包括电子邮件、呼叫中心数据、保修索赔数据、保险索赔数据等。

解析（Parsing）：读取文本，并辨识出文本中所处位置的前后语境的过程。

模式分析（Pattern analysis）：在所出现的数据中，用于发现可识别的模式（规律）的而进行的分析。

近邻分析（Proximity analysis）：基于与单词，或与单词所在的类别的接近程度而进行的分析。

统计分析（Statistical analysis）：检视大量数值，并以数学方式评估数值的过程。

停止词（Stop word）：在语言中，用于交流，但不用于传递信息的词。如英语中"a""and""the""to""from"等单词。

结构化数据（Structured data）：由数据库管理系统所管理的数据。

分类法（Taxonomy）：文本的分类。

文本数据池（Textual data pond）：在经过架构规划和业务整合的数据湖环境中，存放和处理文本数据的地方。

文本消歧（Text disambiguation）：读取文本，以及将文本格式化为标准数据库格式的处理过程。

参考资料

数据架构

Data Architecture–A Primer for the Data Scientist，W H Inmon，2013，Elsevier Kauffman，Boston. Mass.

Data Architecture：The Information Paradigm，W H Inmon，QED，Wellesley，MA，1998.

DW 2.0–Architecture for the Next Generation of Data Warehousing，W H，Inmon，June 2008.

Information Systems Architecture：A System Developers Primer，W H Inmon，Prentice Hall，Englewood Cliffs，NJ 1981.

Information Systems Architecture：Development in the 90's，W H

Inmon，John Wiley 1992.

Information Systems Architecture，W H Inmon，QED，WELLESLEY，MA 1986.

The Government Information Factory，W H Inmon，IDS，Denver，CO 80109.

数据仓库

Building the Data Warehouse，First Edition，W H Inmon，QED，Wellesley，MA，1990.

Building the Unstructured Data Warehouse，W H Inmon，Technics Publications，2011.

Data Warehousing and Decision Support，W H Inmon，Spiral Books，Manchester，NH 1997.

Data Warehousing for E-Business，W H Inmon，John Wiley，NY NY 2001.

Data Warehouse Performance，W H Inmon，John Wiley and Sons，1999.

Managing The Data Warehouse，W H Inmon，John Wiley and Sons（1997）.

Using The Data Warehouse，W H Inmon，John Wiley and Sons 1994.

Data Warehouse in the Age of Big Data，Krish Krishnan，Morgan Kaufmann，2005.

Social Data Analytics，Krish Krishnan，Morgan Kaufmann，2009.

Data Warehouse Project Management，Sid Adelman，Larissa Moss，Addison-Wesley，2000.

Building a Scalable Data Warehouse with Data Vault 2.0，Dan Linstedt，Morgan Kaufmann，2015.

Modelling the Agile Data Warehouse With Data Vault，Hans Hultgren，New Hamilton，2012.

Business of Data Vault Modelling，Dan Linstedt，Kent Graziano，2010.

企业信息工厂

Building the Operational Data Store，W H Inmon，John Wiley 1999.

Business Metadata，W H Inmon Elsevier Press，Aug 2007.

Data Model Resource Book，W H Inmon John Wiley and Sons，NY NY，1997.

Data Stores，Data Warehousing and the Zachman Framework，W H Inmon，McGraw-Hill，NY NY 1997.

Exploration Warehousing：Turning Information into Business

Opportunity，W H Inmon，John Wiley 2000.

The Corporate Information Factory，W H Inmon，First Edition，John Wiley，1998.

分析学

Data Pattern Processing：the Key to Competitive Advantage，John Wiley，NY，NY，1990.

Tapping Into Unstructured Data，W H Inmon，Prentice Hall，2007，with Tony Nesavich.

数据集市

The Data Warehouse Toolkit，Ralph Kimball，John Wiley and Sons，1997.

The Kimball Group Reader，Ralph Kimball，John Wiley，2005.

Lifecycle Toolkit，Ralph Kimball，John Wiley，2000.

感兴趣的网站

WWW.Forestrimtech.com，一个关于文本消歧和其他数据架构主题的白皮书的网站。

欢迎来到异步社区！

异步社区的来历

异步社区（www.epubit.com.cn）是人民邮电出版社旗下 IT 专业图书旗舰社区，于 2015 年 8 月上线运营。

异步社区依托于人民邮电出版社 20 余年的 IT 专业优质出版资源和编辑策划团队，打造传统出版与电子出版和自出版结合、纸质书与电子书结合、传统印刷与POD 按需印刷结合的出版平台，提供最新技术资讯，为作者和读者打造交流互动的平台。

社区里都有什么？

购买图书

我们出版的图书涵盖主流 IT 技术，在编程语言、Web 技术、数据科学等领域有众多经典畅销图书。社区现已上线图书 1000 余种，电子书 400 多种，部分新书实现纸书、电子书同步出版。我们还会定期发布新书书讯。

下载资源

社区内提供随书附赠的资源，如书中的案例或程序源代码。

另外，社区还提供了大量的免费电子书，只要注册成为社区用户就可以免费下载。

与作译者互动

很多图书的作译者已经入驻社区，您可以关注他们，咨询技术问题；可以阅读不断更新的技术文章，听作译者和编辑畅聊好书背后有趣的故事；还可以参与社区的作者访谈栏目，向您关注的作者提出采访题目。

灵活优惠的购书

您可以方便地下单购买纸质图书或电子图书，纸质图书直接从人民邮电出版社书库发货，电子书提供多种阅读格式。

对于重磅新书，社区提供预售和新书首发服务，用户可以第一时间买到心仪的新书。

用户账户中的积分可以用于购书优惠。100 积分 =1 元，购买图书时，在 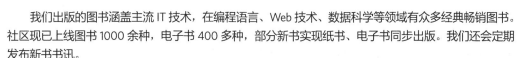 里填入可使用的积分数值，即可扣减相应金额。

纸电图书组合购买

社区独家提供纸质图书和电子书组合购买方式，价格优惠，一次购买，多种阅读选择。

社区里还可以做什么？

提交勘误

您可以在图书页面下方提交勘误，每条勘误被确认后可以获得100积分。热心勘误的读者还有机会参与书稿的审校和翻译工作。

写作

社区提供基于 Markdown 的写作环境，喜欢写作的您可以在此一试身手，在社区里分享您的技术心得和读书体会，更可以体验自出版的乐趣，轻松实现出版的梦想。

如果成为社区认证作译者，还可以享受异步社区提供的作者专享特色服务。

会议活动早知道

您可以掌握 IT 圈的技术会议资讯，更有机会免费获赠大会门票。

加入异步

扫描任意二维码都能找到我们：

异步社区	微信服务号	微信订阅号	官方微博	QQ 群：436746675

社区网址：www.epubit.com.cn

投稿 & 咨询：contact@epubit.com.cn